广西姑婆山植物资源研究丛书

广西姑婆山自治区级自然保护区观赏植物

GUANGXI GUPOSHAN ZIZHIQUJI ZIRANBAOHUQU
GUANSHANG ZHIWU

邓必玉　林寿珣　陈文华　梁永延　主编

广西科学技术出版社

图书在版编目（CIP）数据

广西姑婆山自治区级自然保护区观赏植物 / 邓必玉等主编．— 南宁：广西科学技术出版社，2023.6
ISBN 978-7-5551-1992-0

Ⅰ.①广… Ⅱ.①邓… Ⅲ.①自然保护区—野生观赏植物—介绍—广西 Ⅳ.① Q948.526.7

中国国家版本馆 CIP 数据核字（2023）第 119805 号

GUANGXI GUPOSHAN ZIZHIQUJI ZIRANBAOHUQU GUANSHANG ZHIWU
广西姑婆山自治区级自然保护区观赏植物
邓必玉　林寿珣　陈文华　梁永延　主编

责任编辑：黎志海　梁珂珂　　　　　　装帧设计：韦宇星
责任校对：盘美辰　　　　　　　　　　责任印制：陆　弟

出 版 人：卢培钊　　　　　　　　　　出版发行：广西科学技术出版社
社　　址：广西南宁市东葛路 66 号　　 邮政编码：530023
网　　址：http://www.gxkjs.com

经　　销：全国各地新华书店
印　　刷：广西民族印刷包装集团有限公司
地　　址：南宁市高新区高新三路 1 号　 邮政编码：530007

开　　本：889 mm×1194 mm　1/16
字　　数：249 千字
印　　张：15.75
版　　次：2023 年 6 月第 1 版
印　　次：2023 年 6 月第 1 次印刷
书　　号：ISBN 978-7-5551-1992-0
定　　价：168.00 元

版权所有　侵权必究
质量服务承诺：如发现缺页、错页、倒装等印装质量问题，可直接与本社调换。
服务电话：0771-5842790

《广西姑婆山自治区级自然保护区观赏植物》
编委会

主　　　任：林寿珣　黄光银

副 主 任：吴正南　谭伟福　陈文华　韦启忠

主　　　编：邓必玉　林寿珣　陈文华　梁永延

副 主 编：吴正南　麦海森　黄安书　童德文　王振兴　秦旭东

编　　　委：（按姓氏音序排列）

　　　　　　陈敏灵　陈毅超　胡辛志　黄超群　蒋日红　康　宁　李　雄
　　　　　　梁陈民　梁洁洁　梁　媛　梁　综　林建勇　刘承灵　刘佑灵
　　　　　　刘振学　陆施毅　罗卫强　蒙　琦　农东新　谈银萍　陶源桂
　　　　　　王　波　吴鸿君　吴林巧　吴　双　吴望辉　韦宏金　韦宇春
　　　　　　徐竟甯　袁　胜　张丽娜　赵　晨

摄　　　影：邓必玉　梁永延　梁陈民　胡辛志　吴鸿君　李　雄　吴望辉
　　　　　　康　宁　农东新　韦美玲　韦环宇

组织编写：广西姑婆山自治区级自然保护区
　　　　　　广西森林资源与生态环境监测中心
　　　　　　广西渌金生态科技有限公司

前 言

广西姑婆山自治区级自然保护区（以下简称"姑婆山自然保护区"）位于广西壮族自治区东部的贺州市，地跨八步区里松镇和平桂区黄田镇，总面积6549.6公顷，主要保护对象为中亚热带常绿阔叶林森林生态系统、珍稀濒危野生动植物及其生境以及丰富的景观资源。姑婆山自然保护区峰峦叠嶂，沟壑纵横，溪瀑棋布，森林繁茂，蕴含了丰富独特且极具魅力的生态旅游资源，具有春花、夏瀑、秋叶、冬雪的景观精华，尤以森林景观最为多姿多彩。其中最负盛名的是野生杜鹃花，每年4月至5月初，各种杜鹃花争奇斗艳，使满山遍野变得姹紫嫣红，成为一片花的海洋，令人流连忘返。除了杜鹃花，姑婆山自然保护区还有许许多多具有观赏价值的野生植物。蕨类植物株形优美，可观姿、观叶、观孢子囊群；木兰科植物树形高大，花朵质朴美丽，是著名的观赏木本；堇菜科植株为矮小的草本，花朵清新典雅；景天科植物植株肉质，花小巧明艳；野牡丹科植物花靓丽张扬，是有名的观赏灌木；兰科植物花形独特，千姿百态，五彩缤纷，具有高雅而脱俗的气质……各种各样的野生植物共同构成了姑婆山自然保护区美丽的森林景观，同时也为人类园林植物开发应用提供了宝贵的资源库。

在广西壮族自治区林业局林业科技项目（桂林科研〔2022ZC〕第11号）的支持下，由姑婆山自然保护区、广西森林资源与生态环境监测中心和广西渌金生态科技有限公司共同开展广西姑婆山维管植物多样性调查研究。在全面调查和分类鉴定的基础上，共记录维管植物约1400种，其中近千种具有一定的观赏价值，可见姑婆山自然保护区观赏植物资源丰富。由于篇幅的限制，本书仅收录姑婆山自然保护区常见及具有园林应用价值的观赏植物81科144属218种，其中蕨类植物6科7属10种，被子植物74科137属208种，图片共计600余幅。故将兰科植物是观赏植物的一个大类群，或纳入《国家重点保护野生植物名录》，或纳入《广西壮族自治区重点保护野生植物名录》，故将兰科植物收录于《广西姑婆山自治区级自然保护区珍稀濒危植物》一书，本书不再赘述。本书科的排列，蕨类植物按PPG I系统编排，被子植物按哈钦松1926年、1934年系统编排（在APG IV分类系统中有位置变动的，文中进行了说明），属、种按拉丁名字母顺序排列，种拉丁名参考最新资料做了部分修订。

为了方便读者阅读，本书简要介绍各观赏植物中文名、拉丁名、识别要点、生境、观赏价值及绿化用途等，每种植物配置2张以上图片，可为植物爱好者，园林工作者提供参考，也可为大众了解姑婆山植物资源、感受植物之美提供途径。书中对观赏植物的描述，参考《中国植物志》《广西植物志》等书籍。

本书在编制过程中得到业内专家审核把关，在此深表感谢！本书虽经反复校核，力求鉴定准确、图文并茂，但难免存在不足和错误之处，欢迎读者批评指正。

蕨类植物门
Pteridophyta

卷柏科　Selaginellaceae ... 2
薄叶卷柏　*Selaginella delicatula* (Desv.) Alston ... 2
深绿卷柏　*Selaginella doederleinii* Hieron. ... 3
疏松卷柏　*Selaginella effusa* Alston ... 4
翠云草　*Selaginella uncinata* (Desv.) Spring ... 5

凤尾蕨科　Pteridaceae ... 6
溪边凤尾蕨　*Pteris terminalis* Wallich ex J. Agardh ... 6

乌毛蕨科　Blechnaceae ... 7
崇澍蕨　*Woodwardia harlandii* Hook. ... 7

金星蕨科　Thelypteridaceae ... 8
红色新月蕨　*Pronephrium lakhimpurense* (Rosenst.) Holtt. ... 8

鳞毛蕨科　Dryopteridaceae ... 9
黑鳞复叶耳蕨　*Arachniodes nigrospinosa* (Ching) Ching ... 9
华南舌蕨　*Elaphoglossum yoshinagae* (Yatabe) Makino ... 10

水龙骨科　Polypodiaceae ... 11
江南星蕨　*Lepisorus fortunei* (T. Moore) C. M. Kuo ... 11

被子植物门
Angiospermae

木兰科 Magnoliaceae ……………………………………………………………… 13
- 桂南木莲　*Manglietia conifera* Dandy ……………………………………… 13
- 金叶含笑　*Michelia foveolata* Merr. ex Dandy …………………………… 14
- 深山含笑　*Michelia maudiae* Dunn ………………………………………… 15

毛茛科 Ranunculaceae …………………………………………………………… 16
- 钝齿铁线莲　*Clematis apiifolia* var. *argentilucida* (H. Léveillé & Vaniot) W. T. Wang ……… 16
- 锈毛铁线莲　*Clematis leschenaultiana* DC. ……………………………… 17
- 毛柱铁线莲　*Clematis meyeniana* Walp. ………………………………… 18
- 柱果铁线莲　*Clematis uncinata* Champ. ………………………………… 19
- 蕨叶人字果　*Dichocarpum dalzielii* (Drumm. et Hutch.) W. T. Wang et Hsiao ……… 20
- 阴地唐松草　*Thalictrum umbricola* Ulbr. ………………………………… 21

马兜铃科 Aristolochiaceae ……………………………………………………… 22
- 尾花细辛　*Asarum caudigerum* Hance …………………………………… 22

罂粟科 Papaveraceae …………………………………………………………… 23
- 地锦苗　*Corydalis sheareri* S. Moore ……………………………………… 23

堇菜科 Violaceae ………………………………………………………………… 24
- 华南堇菜　*Viola austrosinensis* Y. S. Chen & Q. E. Yang ………………… 24
- 七星莲　*Viola diffusa* Ging. ………………………………………………… 25
- 柔毛堇菜　*Viola fargesii* H. Boissieu ……………………………………… 26
- 紫花堇菜　*Viola grypoceras* A. Gray ……………………………………… 27
- 长萼堇菜　*Viola inconspicua* Blume ……………………………………… 28
- 亮毛堇菜　*Viola lucens* W. Beck. ………………………………………… 29
- 三角叶堇菜　*Viola triangulifolia* W. Beck. ……………………………… 30

远志科 Polygalaceae …………………………………………………………… 31
- 黄花倒水莲　*Polygala fallax* Hemsl. ……………………………………… 31
- 香港远志　*Polygala hongkongensis* Hemsl. ……………………………… 32

曲江远志　*Polygala koi* Merr. ·········· 33

景天科　Crassulaceae ·········· 34
珠芽景天　*Sedum bulbiferum* Makino ·········· 34
禾叶景天　*Sedum grammophyllum* Frod. ·········· 35

虎耳草科　Saxifragaceae ·········· 36
大落新妇　*Astilbe grandis* Stapf ex Wils. ·········· 36
鸡肫梅花草　*Parnassia wightiana* Wall. ex Wight et Arn. ·········· 37
虎耳草　*Saxifraga stolonifera* Curt. ·········· 38

苋科　Amaranthaceae ·········· 39
青葙　*Celosia argentea* L. ·········· 39

酢浆草科　Oxalidaceae ·········· 40
红花酢浆草　*Oxalis corymbosa* DC. ·········· 40

凤仙花科　Balsaminaceae ·········· 41
华凤仙　*Impatiens chinensis* L. ·········· 41
湖南凤仙花　*Impatiens hunanensis* Y. L. Chen ·········· 42
大旗瓣凤仙花　*Impatiens macrovexilla* Y. L. Chen ·········· 43

瑞香科　Thymelaeaceae ·········· 44
长柱瑞香　*Daphne championii* Benth. ·········· 44
白瑞香　*Daphne papyracea* Wall. ex Steud. ·········· 45
北江荛花　*Wikstroemia monnula* Hance ·········· 46

山龙眼科　Proteaceae ·········· 47
小果山龙眼　*Helicia cochinchinensis* Lour. ·········· 47

大风子科　Flacourtiaceae ·········· 48
山桐子　*Idesia polycarpa* Maxim. ·········· 48

天料木科　Samydaceae ·········· 49
天料木　*Homalium cochinchinense* (Lour.) Druce ·········· 49

西番莲科　Passifloraceae ··········· 50
　　广东西番莲　*Passiflora kwangtungensis* Merr. ········· 50

秋海棠科　Begoniaceae ············ 51
　　紫背天葵　*Begonia fimbristipula* Hance ············ 51
　　粗喙秋海棠　*Begonia longifolia* Blume ············ 52
　　裂叶秋海棠　*Begonia palmata* D. Don ············· 53

山茶科　Theaceae ················ 54
　　窄叶柃　*Eurya stenophylla* Merr. ················ 54
　　银木荷　*Schima argentea* Pritz. ex Diels ········· 55
　　木荷　*Schima superba* Gardn. et Champ. ········· 56
　　尖萼厚皮香　*Ternstroemia luteoflora* L. K. Ling ····· 57

猕猴桃科　Actinidiaceae ············ 58
　　毛花猕猴桃　*Actinidia eriantha* Benth. ··········· 58
　　黄毛猕猴桃　*Actinidia fulvicoma* Hance ··········· 59

水东哥科　Saurauiaceae ············ 60
　　水东哥　*Saurauia tristyla* DC. ················· 60

桃金娘科　Myrtaceae ·············· 61
　　轮叶赤楠　*Syzygium buxifolium* var. *verticillatum* C. Chen ····· 61

野牡丹科　Melastomataceae ········· 62
　　少花柏拉木　*Blastus pauciflorus* (Benth.) Guillaum. ····· 62
　　过路惊　*Bredia quadrangularis* Cogn. ··········· 63
　　短葶无距花　*Fordiophyton breviscapum* (C. Chen) Y. F. Deng & T. L. Wu ····· 64
　　异药花　*Fordiophyton faberi* Stapf ············· 65
　　地桧　*Melastoma dodecandrum* Lour. ············ 66
　　印度野牡丹　*Melastoma malabathricum* Linnaeus ····· 67
　　星毛金锦香　*Osbeckia stellata* Ham. ex D. Don: C. B. Clarke ····· 68
　　锦香草　*Phyllagathis cavaleriei* (Lévl. et Van.) Guillaum. ····· 69
　　毛柄锦香草　*Phyllagathis oligotricha* Merr. ········· 70

楮头红　*Sarcopyramis napalensis* Wallich ········· 71

金丝桃科　Hypericaceae ········· 72
衡山金丝桃　*Hypericum hengshanense* W. T. Wang ········· 72

杜英科　Elaeocarpaceae ········· 73
杜英　*Elaeocarpus decipiens* Hemsl. ········· 73
日本杜英　*Elaeocarpus japonicus* Sieb. et Zucc. ········· 74
猴欢喜　*Sloanea sinensis* (Hance) Hemsl. ········· 75

梧桐科　Sterculiaceae ········· 76
两广梭罗树　*Reevesia thyrsoidea* Lindley ········· 76

锦葵科　Malvaceae ········· 77
木芙蓉　*Hibiscus mutabilis* L. ········· 77

古柯科　Erythroxylaceae ········· 78
东方古柯　*Erythroxylum sinense* Y. C. Wu ········· 78

大戟科　Euphorbiaceae ········· 79
木油桐　*Vernicia montana* Lour. ········· 79

鼠刺科　Iteaceae ········· 80
鼠刺　*Itea chinensis* Hook. et Arn. ········· 80
峨眉鼠刺　*Itea omeiensis* C. K. Schneider ········· 81

绣球花科　Hydrangeaceae ········· 82
常山　*Dichroa febrifuga* Lour. ········· 82
罗蒙常山　*Dichroa yaoshanensis* Y. C. Wu ········· 83
圆锥绣球　*Hydrangea paniculata* Sieb. ········· 84

蔷薇科　Rosaceae ········· 85
钟花樱　*Cerasus campanulata* (Maxim.) Yü et Li ········· 85
香花枇杷　*Eriobotrya fragrans* Champ. ex Benth. ········· 86
腺叶桂樱　*Lauro-cerasus phaeosticta* (Hance) Schneid. ········· 87

光叶石楠	*Photinia glabra* (Thunb.) Maxim.	88
小叶石楠	*Photinia parvifolia* (Pritz.) Schneid.	89
绒毛石楠	*Photinia schneideriana* Rehd. et Wils.	90
石斑木	*Rhaphiolepis indica* (Linnaeus) Lindley	91
软条七蔷薇	*Rosa henryi* Bouleng.	92
野珠兰	*Stephanandra chinensis* Hance	93
红果树	*Stranvaesia davidiana* Dcne.	94

苏木科　Caesalpiniaceae ……………………………… 95

阔裂叶龙须藤	*Bauhinia apertilobata* Merr. et Metc.	95
粉叶首冠藤	*Bauhinia glauca* (Wall. ex Benth.) Benth.	96

蝶形花科　Papilionaceae ………………………………… 97

香花鸡血藤	*Callerya dielsiana* (Harms) P. K. Loc ex Z. Wei & Pedley	97
丰城鸡血藤	*Callerya nitida* var. *hirsutissima* (Z. Wei) X. Y. Zhu	98
厚果鱼藤	*Derris taiwaniana* (Hayata) Z. Q. Song	99
假地豆	*Desmodium heterocarpon* (L.) DC.	100
长波叶山蚂蝗	*Desmodium sequax* Wall.	101
庭藤	*Indigofera decora* Lindl.	102
美丽胡枝子	*Lespedeza thunbergii* subsp. *formosa* (Vogel) H. Ohashi	103

黄杨科　Buxaceae ………………………………………… 104

大叶黄杨	*Buxus megistophylla* Lévl.	104

荨麻科　Urticaceae ……………………………………… 105

钝叶楼梯草	*Elatostema obtusum* Wedd.	105

冬青科　Aquifoliaceae …………………………………… 106

冬青	*Ilex chinensis* Sims	106
绿冬青	*Ilex viridis* Champ. ex Benth.	107

卫矛科　Celastraceae …………………………………… 108

裂果卫矛	*Euonymus dielsianus* Loes. ex Diels	108

葡萄科　Vitaceae ... 109
异叶地锦　*Parthenocissus dalzielii* Gagnep. ... 109

芸香科　Rutaceae ... 110
臭节草　*Boenninghausenia albiflora* (Hook.) Reichb. ex Meisn. ... 110

槭树科　Aceraceae ... 111
紫果槭　*Acer cordatum* Pax ... 111
岭南槭　*Acer tutcheri* Duthie ... 112

清风藤科　Sabiaceae ... 113
樟叶泡花树　*Meliosma squamulata* Hance ... 113

省沽油科　Staphyleaceae ... 114
野鸦椿　*Euscaphis japonica* (Thunb.) Dippel ... 114

山茱萸科　Cornaceae ... 115
香港四照花　*Cornus hongkongensis* Hemsley ... 115

八角枫科　Alangiaceae ... 116
小花八角枫　*Alangium faberi* Oliv. ... 116

伞形科　Apiaceae ... 117
卵叶水芹　*Oenanthe javanica* subsp. *rosthornii* (Diels) F. T. Pu ... 117

桤叶树科（山柳科）　Clethraceae ... 118
云南桤叶树　*Clethra delavayi* Franch. ... 118

杜鹃花科　Ericaceae ... 119
齿缘吊钟花　*Enkianthus serrulatus* (Wils.) Schneid. ... 119
多花杜鹃　*Rhododendron cavaleriei* Levl. ... 120
刺毛杜鹃　*Rhododendron championiae* Hooker ... 121
大橙杜鹃　*Rhododendron dachengense* G. Z. Li ... 122
云锦杜鹃　*Rhododendron fortunei* Lindl. ... 123
贵定杜鹃　*Rhododendron fuchsiifolium* Levl. ... 124

弯蒴杜鹃	*Rhododendron henryi* Hance	125
头巾马银花	*Rhododendron mitriforme* Tam	126
毛棉杜鹃	*Rhododendron moulmainense* Hook. f.	127
广东杜鹃	*Rhododendron rivulare* var. *kwangtungense* (Merr. & Chun) X. F. Jin & B. Y. Ding	128
杜鹃	*Rhododendron simsii* Planch.	129

紫金牛科 Myrsinaceae 130

大罗伞树	*Ardisia hanceana* Mez	130
心叶紫金牛	*Ardisia maclurei* Merr.	131
虎舌红	*Ardisia mamillata* Hance	132
莲座紫金牛	*Ardisia primulifolia* Gardner & Champion	133

安息香科 Styracaceae 134

赤杨叶	*Alniphyllum fortunei* (Hemsl.) Makino	134
陀螺果	*Melliodendron xylocarpum* Hand.-Mazz.	135
白花龙	*Styrax faberi* Perk.	136
皱果安息香	*Styrax rhytidocarpus* W. Yang & X. L.Yu	137

山矾科 Symplocaceae 138

白檀	*Symplocos paniculata* (Thunb.) Miq.	138
山矾	*Symplocos sumuntia* Buch.-Ham. ex D. Don	139
黄牛奶树	*Symplocos theophrastifolia* Siebold et Zucc.	140

马钱科 Loganiaceae 141

醉鱼草	*Buddleja lindleyana* Fort.	141

木樨科 Oleaceae 142

苦枥木	*Fraxinus insularis* Hemsl.	142
华女贞	*Ligustrum lianum* P. S. Hsu	143

夹竹桃科 Apocynaceae 144

大花帘子藤	*Pottsia grandiflora* Markgr.	144

萝藦科 Asclepiadaceae 145

心叶醉魂藤	*Heterostemma siamicum* Craib	145

云南黑鳗藤　*Jasminanthes saxatilis* (Tsiang & P. T. Li) W. D. Stevens & P. T. Li ············ 146

茜草科　Rubiaceae ·········· 147

水团花　*Adina pilulifera* (Lam.) Franch. ex Drake ·········· 147

茜树　*Aidia cochinchinensis* Lour. ·········· 148

华南粗叶木　*Lasianthus austrosinensis* H. S. Lo ·········· 149

大叶白纸扇　*Mussaenda shikokiana* Makino ·········· 150

日本蛇根草　*Ophiorrhiza japonica* Bl. ·········· 151

短小蛇根草　*Ophiorrhiza pumila* Champ. ex Benth. ·········· 152

香港大沙叶　*Pavetta hongkongensis* Bremek. ·········· 153

忍冬科　Caprifoliaceae ·········· 154

菰腺忍冬　*Lonicera hypoglauca* Miq. ·········· 154

荚蒾　*Viburnum dilatatum* Thunb. ·········· 155

南方荚蒾　*Viburnum fordiae* Hance ·········· 156

蝶花荚蒾　*Viburnum hanceanum* Maxim. ·········· 157

珊瑚树　*Viburnum odoratissimum* Ker.-Gawl. ·········· 158

常绿荚蒾　*Viburnum sempervirens* K. Koch ·········· 159

茶荚蒾　*Viburnum setigerum* Hance ·········· 160

菊科　Asteraceae ·········· 161

珠光香青　*Anaphalis margaritacea* (L.) Benth. et Hook. f. ·········· 161

三脉紫菀　*Aster ageratoides* Turcz. ·········· 162

微糙三脉紫菀　*Aster ageratoides* var. *scaberulus* (Miq.) Ling. ·········· 163

马兰　*Aster indicus* L. ·········· 164

黄瓜菜　*Paraixeris denticulata* (Houtt.) Nakai ·········· 165

山蟛蜞菊　*Wedelia urticifolia* DC. ·········· 166

龙胆科　Gentianaceae ·········· 167

罗星草　*Canscora andrographioides* Griffith ex C. B. Clarke ·········· 167

福建蔓龙胆　*Crawfurdia pricei* (Marq.) H. Smith ·········· 168

五岭龙胆　*Gentiana davidii* Franch. ·········· 169

华南龙胆　*Gentiana loureiroi* (G. Don) Grisebach ·········· 170

香港双蝴蝶　*Tripterospermum nienkui* (Marq.) C. J. Wu ·········· 171

报春花科　Primulaceae ... 172
 矮桃　*Lysimachia clethroides* Duby ... 172
 临时救　*Lysimachia congestiflora* Hemsl. ... 173
 富宁香草　*Lysimachia fooningensis* C. Y. Wu ... 174
 阔叶假排草　*Lysimachia petelotii* Merrill ... 175

桔梗科　Campanulaceae ... 176
 轮钟草　*Cyclocodon lancifolius* (Roxburgh) Kurz ... 176

紫草科　Boraginaceae ... 177
 长花厚壳树　*Ehretia longiflora* Champ. ex Benth. ... 177

玄参科　Scrophulariaceae ... 178
 毛麝香　*Adenosma glutinosa* (L.) Druce ... 178
 岭南来江藤　*Brandisia swinglei* Merr. ... 179
 母草　*Lindernia crustacea* (L.) F. Muell ... 180
 白花泡桐　*Paulownia fortunei* (Seem.) Hemsl. ... 181
 江西马先蒿　*Pedicularis kiangsiensis* Tsoong et Cheng f. ... 182
 单色蝴蝶草　*Torenia concolor* Lindl. ... 183

茄科　Solanaceae ... 184
 龙珠　*Tubocapsicum anomalum* (Franchet et Savatier) Makino ... 184

狸藻科　Lentibulariaceae ... 185
 挖耳草　*Utricularia bifida* L. ... 185
 圆叶挖耳草　*Utricularia striatula* J. Smith ... 186
 钩突挖耳草　*Utricularia warburgii* K. I. Goebel ... 187

苦苣苔科　Gesneriaceae ... 188
 蚂蟥七　*Chirita fimbrisepala* Hand.-Mazz. ... 188
 贵州半蒴苣苔　*Hemiboea cavaleriei* Lévl. ... 189
 华南半蒴苣苔　*Hemiboea follicularis* Clarke ... 190
 长瓣马铃苣苔　*Oreocharis auricula* (S. Moore) Clarke ... 191

爵床科　Acanthaceae ···································· 192
　　白接骨　*Asystasiella neesiana* (Wall.) Lindau ···································· 192
　　曲枝假蓝　*Strobilanthes dalzielii* (W. W. Smith) Benoist ···································· 193

马鞭草科　Verbenaceae ···································· 194
　　藤紫珠　*Callicarpa integerrima* var. *chinensis* (P'ei) S. L. Chen ···································· 194
　　枇杷叶紫珠　*Callicarpa kochiana* Makino ···································· 195
　　广东紫珠　*Callicarpa kwangtungensis* Chun ···································· 196
　　尖萼紫珠　*Callicarpa loboapiculata* Metc. ···································· 197
　　秃红紫珠　*Callicarpa rubella* var. *subglabra* (P'ei) H. T. Chang ···································· 198

唇形科　Lamiaceae ···································· 199
　　紫花香薷　*Elsholtzia argyi* Lévl. ···································· 199
　　水香薷　*Elsholtzia kachinensis* Prain ···································· 200
　　中华锥花　*Gomphostemma chinense* Oliv. ···································· 201
　　出蕊四轮香　*Hanceola exserta* Sun ···································· 202
　　长管香茶菜　*Isodon longitubus* (Miquel) Kudo ···································· 203
　　梗花华西龙头草　*Meehania fargesii* var. *pedunculata* (Hemsl.) C. Y. Wu ···································· 204
　　龙头草　*Meehania henryi* (Hemsl.) Sun ex C. Y. Wu ···································· 205
　　短齿白毛假糙苏　*Paraphlomis albida* var. *brevidens* Hand.-Mazz. ···································· 206
　　假糙苏　*Paraphlomis javanica* (Bl.) Prain ···································· 207
　　两广黄芩　*Scutellaria subintegra* C. Y. Wu et H. W. Li ···································· 208
　　铁轴草　*Teucrium quadrifarium* Buch.-Ham. ex D. Don ···································· 209

鸭跖草科　Commelinaceae ···································· 210
　　聚花草　*Floscopa scandens* Lour. ···································· 210

姜科　Zingiberaceae ···································· 211
　　舞花姜　*Globba racemosa* Smith ···································· 211

百合科　Liliaceae ···································· 212
　　丛生蜘蛛抱蛋　*Aspidistra caespitosa* C. Pei ···································· 212
　　贺州蜘蛛抱蛋　*Aspidistra hezhouensis* Qi Gao et Yan Liu ···································· 213
　　万寿竹　*Disporum cantoniense* (Lour.) Merr. ···································· 214

野百合　*Lilium brownii* F. E. Brown ex Miellez ………………………………………………… 215
油点草　*Tricyrtis macropoda* Miq. …………………………………………………………… 216
丫蕊花　*Ypsilandra thibetica* Franch. ………………………………………………………… 217

石蒜科　Amaryllidaceae ………………………………………………………………………… 218
石蒜　*Lycoris radiata* (L'Her.) Herb. ………………………………………………………… 218

鸢尾科　Iridaceae ……………………………………………………………………………… 219
小花鸢尾　*Iris speculatrix* Hance …………………………………………………………… 219

莎草科　Cyperaceae …………………………………………………………………………… 220
密苞叶薹草　*Carex phyllocephala* T. Koyama ……………………………………………… 220

中文名索引 ……………………………………………………………………………………… 221

拉丁名索引 ……………………………………………………………………………………… 226

蕨类植物门
Pteridophyta

薄叶卷柏 *Selaginella delicatula* (Desv.) Alston

卷柏属　*Selaginella* P. Beauv.

识别要点：土生草本，直立或近直立，高 35~50 厘米。基部具游走茎；主茎自中下部开始羽状分枝，不呈"之"字形，禾秆色。叶（除不分枝主茎上的外）交互排列，二型，边缘全缘，具狭窄的白边；不分枝主茎上的叶排列稀疏，一型，卵形，背腹压扁，背部不呈龙骨状，边缘全缘，绿色。孢子叶穗紧密，单生于小枝末端；孢子叶一型，边缘全缘，具白边。大孢子白色或褐色，小孢子橘红色或淡黄色。

生　　境：生于林下、溪边阴湿处。常见。

观赏价值：株形优美，叶色翠绿，是良好的观叶植物。

绿化用途：可用作林下地被植物，亦可用于阴湿条件下的微环境造景。

深绿卷柏 *Selaginella doederleinii* Hieron.

卷柏属　*Selaginella* P. Beauv.

俗　　名：石上柏、大叶菜、水柏枝

识别要点：土生草本，近直立，高25~45厘米。基部横卧，无匍匐根茎或游走茎；主茎自下部开始羽状分枝，不呈"之"字形，无关节，禾秆色。叶全部交互排列，二型，纸质，表面光滑，侧叶向两侧平展。孢子叶穗紧密，单个或成对生于小枝末端；孢子叶穗上的大小孢子叶相间排列或大孢子叶分布于基部的下侧，孢子叶一型。大孢子白色，小孢子橘黄色。

生　　境：生于林下、路边阴湿处。常见。

观赏价值：叶色深绿，是良好的观叶植物。

绿化用途：能在林下湿润处连片生长，是良好的林下地被植物。

疏松卷柏　*Selaginella effusa* Alston

卷柏属　*Selaginella* P. Beauv.

识别要点：土生或石生草本，直立，高 10~45 厘米。无匍匐根茎或游走茎；主茎自下部开始羽状分枝，不呈"之"字形或多少呈"之"字形，禾秆色。叶全部交互排列，二型，膜质，表面光滑，边缘非全缘，不具白边。孢子叶穗紧密，背腹压扁，单生于小枝末端；大孢子叶分布于孢子叶穗下部的下侧；孢子叶明显二型，倒置，不具白边。大孢子黄白色，小孢子浅黄色。

生　　境：生于路边、林下。常见。

观赏价值：叶色可随环境变化而改变，具有一定的观赏价值。

绿化用途：是良好的地被植物。

翠云草 *Selaginella uncinata* (Desv.) Spring
卷柏属　*Selaginella* P. Beauv.

俗　　　名：珊瑚蕨、吊兰翠、盆栽幸福草、蓝地柏、绿绒草

识别要点：土生草本，长 50~100 厘米或更长。无横走地下茎；主茎先直立，后攀缘状，自近基部开始羽状分枝，不呈"之"字形，无关节，禾秆色。叶全部交互排列，二型，草质，表面光滑，具虹彩，边缘全缘，具明显白边。孢子叶穗紧密，单生于小枝末端；孢子叶一型。大孢子灰白色或暗褐色，小孢子淡黄色。

生　　　境：生于湿润的林下、路边。常见。

观赏价值：叶色翠绿、具虹彩，是良好的观叶植物。

绿化用途：可用作林下、路边地被植物，亦可盆栽。

溪边凤尾蕨　*Pteris terminalis* Wallich ex J. Agardh
凤尾蕨属　*Pteris* L.

识别要点：草本，高可达180厘米。根茎短而直立，木质，粗健，顶端被黑褐色鳞片。叶簇生；叶片阔三角形，长60~120厘米或更长，下部宽40~90厘米，二回深羽裂；顶生羽片长圆状阔披针形，先端尾状渐尖，篦齿状深羽裂几乎达羽轴；叶柄长70~90厘米，坚硬，粗健，暗褐色，向上为禾秆色，稍有光泽，无毛。

生　　境：生于溪边、疏林下、灌木丛中。常见。
观赏价值：植株大型，叶形展开、优美。可观叶。
绿化用途：可用于路边、林下、溪边。

崇澍蕨 *Woodwardia harlandii* Hook.

狗脊属　*Woodwardia* Sm.

俗　　名：哈氏狗脊

识别要点：草本，高可达 1.2 米。根茎横走，黑褐色，密被鳞片。叶散生；叶片厚纸质至近革质，形态变异甚大，或为披针形的单叶，或为三出复叶而中央羽片特大，较多见者为羽状深裂；侧生羽片（或裂片）1~4 对，对生，斜向上，披针形，基部与叶轴合生，并沿叶轴下延，彼此以阔翅相连，下部 1~2 对羽片（或裂片）间的叶轴往往无翅；叶柄长短不一，基部黑褐色并被与根茎上相同的鳞片，向上为禾秆色或棕禾秆色。孢子囊群粗线形，紧靠主脉并与主脉平行；囊群盖粗线形，熟时红棕色，开向主脉，宿存。

生　　境：生于密林下。常见。

观赏价值：叶形优美，叶厚纸质至近革质，羽状深裂，嫩时紫红色，熟时深绿色。可观叶。

绿化用途：可用作林下地被植物。

乌毛蕨科　Blechnaceae

红色新月蕨　*Pronephrium lakhimpurense* (Rosenst.) Holtt.

新月蕨属　*Pronephrium* C. Presl

识别要点：草本，高可达1.5米。根茎长而横走。叶远生；叶片长60~85厘米，长圆状披针形或卵状长圆形，先端渐尖，奇数一回羽状；侧生羽片8~12对，近斜展，互生，中部以下的侧生羽片有长约2毫米的柄，彼此远离，阔披针形，长24~32厘米，中部宽4~6厘米；顶生羽片与其下的羽片同形，柄长1.5~2厘米；叶脉纤细，在背面较明显，侧脉近斜展，并行；叶柄长80~90厘米，基部偶有鳞片，深禾秆色。孢子囊群圆形，生于小脉中部或稍上处，在侧脉间排成2行，熟时偶有汇合，无囊群盖。

生　　境：生于山谷、林边、沟边。常见。

观赏价值：叶形优美，一回羽片大型。可观叶。

绿化用途：可用于山谷、溪边绿化造景。

黑鳞复叶耳蕨 *Arachniodes nigrospinosa* (Ching) Ching

复叶耳蕨属 *Arachniodes* Blume

识别要点：草本，高80~120厘米。叶片长圆状卵形，长35~55厘米，宽28~32厘米，先端近渐尖，四回羽状；羽状羽片约12对，斜展，互生，有柄；一回小羽片约20对，互生，基部1对较大，阔披针形；二回小羽片约18对，互生，基部1对较大，卵状长圆形；第三对羽片与第二对羽片同形、略小，二回羽状；第四对羽片以上的各对羽片逐渐缩小，二回羽状、一回羽状至羽裂；叶柄长45~65厘米，深禾秆色，通体密被黑色、阔披针形、有光泽的鳞片。孢子囊群每裂片基部上侧1枚；囊群盖暗棕色，纸质，脱落。

生　　境：生于林下阴湿处。少见。

观赏价值：叶形展开、优美，叶多回羽状分裂，叶色翠绿。可观叶。

绿化用途：可用作林下地被植物。

华南舌蕨 *Elaphoglossum yoshinagae* (Yatabe) Makino

舌蕨属 *Elaphoglossum* Schott. ex J. Sm.

鳞毛蕨科 Dryopteridaceae

识别要点：附生或土生草本，高 15~30 厘米。根茎短，横卧或斜升，与叶柄下部均密被鳞片。叶簇生或近生，二型：不育叶近无柄或具短柄，披针形，长 15~30 厘米，先端短渐尖，基部楔形，长而下延，几乎达叶柄基部，边缘全缘，平展或略向内卷，叶脉仅可见，叶质肥厚，革质；能育叶与不育叶等高或略低于不育叶，叶片略短而狭，长 7~10 厘米，叶柄较长。孢子囊沿侧脉着生，熟时布满能育叶背面。

生　　境：生于潮湿的岩石上、树干上。常见。

观赏价值：叶簇生或近生，叶质肥厚、革质；能育叶背面布满孢子囊。是良好的观叶植物、观孢子囊植物。

绿化用途：可用于岩石上绿化造景，亦可盆栽。

江南星蕨 *Lepisorus fortunei* (T. Moore) C. M. Kuo

瓦韦属 *Lepisorus* (J. Sm.) Ching

俗　　　名：大星蕨、福氏星蕨

识别要点：附生草本，高 30~100 厘米。根茎长而横走，肉质，顶端被棕褐色鳞片。叶远生，相距约 1.5 厘米；叶片厚纸质，线状披针形至披针形，长 25~60 厘米，宽 1.5~7 厘米，先端长渐尖，基部渐狭并下延于叶柄形成狭翅，边缘全缘，具软骨质的边，背面淡绿色或灰绿色，两面无毛；中脉在两面明显隆起，侧脉不明显；叶柄长 5~20 厘米，禾秆色，腹面具浅沟。孢子囊群大，圆形，沿中脉两侧排列成较整齐的 1 行或有时为不规则的 2 行，靠近中脉。孢子豆形，周壁具不规则褶皱。

生　　　境：附生于林下树干上、石壁上。常见。

观赏价值：叶较大，四季常绿；孢子囊群大，沿中脉两侧排列。是良好的观叶植物、观孢子囊植物。

绿化用途：可用于石上、路边绿化造景，可盆栽，亦可作切叶。

水龙骨科 Polypodiaceae

被子植物门
Angiospermae

桂南木莲 *Manglietia conifera* Dandy

木莲属　　*Manglietia* Blume

俗　　名：球果木莲

识别要点：常绿乔木，高可达 20 米。叶片革质，倒披针形或狭倒卵状椭圆形，长 12~15 厘米，宽 2~5 厘米，先端短渐尖或钝，基部狭楔形或楔形，腹面无毛，深绿色，有光泽，背面灰绿色；叶柄长 2~3 厘米，托叶痕长 3~5 毫米。花蕾卵球形；花梗细长，长 4~7 厘米，向下弯垂，仅在花被下方有 1 个环状苞片痕；花被片每轮 3 枚，外轮常绿色、质薄，中轮肉质、倒卵状椭圆形，内轮肉质、倒卵状匙形；雌蕊群长 1.5~2 厘米，下部心皮长 0.8~1 厘米。聚合果卵球形，长 4~5 厘米。花期 5~6 月，果期 9~10 月。

生　　境：生于山地林中。常见。

观赏价值：植株高大、常绿，株形挺拔；花美丽。可观姿、观花。

绿化用途：可用于通道绿化、乡村绿化、荒山造林、庭园观赏。

木兰科　Magnoliaceae

金叶含笑　*Michelia foveolata* Merr. ex Dandy

含笑属　*Michelia* L.

俗　　名：亮叶含笑、长柱含笑、灰毛含笑

识别要点：乔木，高可达 30 米。芽、幼枝、叶柄、叶背、花梗均密被红褐色短茸毛。叶片厚革质，长圆状椭圆形、椭圆状卵形或阔披针形，长 17~23 厘米，宽 6~11 厘米，腹面深绿色，有光泽，背面被红铜色短茸毛；叶柄长 1.5~3 厘米，无托叶痕。花被片 9~12 枚，淡黄绿色，基部带紫色，外轮的 3 枚阔倒卵形，中轮、内轮的倒卵形；雄蕊约 50 枚，花丝深紫色；雌蕊群长 2~3 厘米，心皮长约 3 毫米，仅基部与柱状花托合生。聚合果长 7~20 厘米；蓇葖果长圆状椭球形，长 1~2.5 厘米。花期 3~5 月，果期 9~10 月。

生　　境：生于山地林中。常见。

观赏价值：高大乔木，株形挺拔；花色淡黄，较大而美丽。可观姿、观花。

绿化用途：可用于通道绿化、乡村绿化、荒山造林、庭园观赏。

深山含笑 *Michelia maudiae* Dunn

含笑属　*Michelia* L.

俗　　　名：莫夫人含笑花、光叶白兰花

识别要点：乔木，高可达 20 米。各部均无毛，芽、嫩枝、叶片背面、苞片均被白粉。叶片革质，长圆状椭圆形，稀卵状椭圆形，长 7~18 厘米，宽 3.5~8.5 厘米，腹面深绿色，有光泽，背面灰绿色；叶柄无托叶痕。花梗绿色，具 3 个环状苞片痕；佛焰苞状苞片淡褐色；花芳香；花被片 9 枚，白色，基部稍淡红色，外轮的倒卵形，中轮、内轮的渐狭小、近匙形；雄蕊长 1.5~2.2 厘米，雌蕊群长 1.5~1.8 厘米。聚合果长 7~15 厘米，蓇葖果长圆柱形、倒卵球形、卵球形。花期 2~3 月，果期 9~10 月。

生　　　境：生于山地林中。常见。

观赏价值：株形高大，花洁白而芳香。可观姿、观花。

绿化用途：可用于通道绿化、乡村绿化、荒山造林、庭园观赏。

木兰科　Magnoliaceae

钝齿铁线莲 *Clematis apiifolia* var. *argentilucida* (H. Léveillé & Vaniot) W. T. Wang

铁线莲属　*Clematis* L.

俗　　名：川木通

识别要点：藤本植物。茎通常密被短柔毛。三出复叶；小叶片宽卵形，边缘具少数粗齿，背面常密被短柔毛。圆锥花序具多朵花；萼片4枚，白色，近长圆形，长约8毫米，先端钝。瘦果纺锤形或狭披针形，被柔毛。花期7月。

生　　境：生于灌木丛中、林下、山谷沟边。常见。

观赏价值：花多数，色白而美丽。可观花。

绿化用途：可用于庭园观赏，可作绿篱。

锈毛铁线莲 *Clematis leschenaultiana* DC.

铁线莲属 *Clematis* L.

俗　　名：齿叶铁线莲

识别要点：木质藤本植物。茎密被展开的金黄色长柔毛。三出复叶；小叶片纸质，卵圆形、卵状椭圆形至卵状披针形，上部边缘具钝齿，下部边缘全缘，腹面绿色，被稀疏紧贴的柔毛，背面淡绿色，被平伏的厚柔毛。聚伞花序腋生，密被黄色柔毛，常只具3朵花；花萼直立呈壶形，萼片4枚，黄色，外面密被金黄色柔毛；雄蕊与萼片等长；心皮被绢状柔毛，子房卵形。瘦果狭卵形，具宿存花柱。花期1~2月，果期3~4月。

生　　境：生于山地灌木丛中。常见。

观赏价值：可观花。

绿化用途：可用于庭园观赏，可作绿篱。

毛茛科　Ranunculaceae

毛柱铁线莲　*Clematis meyeniana* Walp.

铁线莲属　*Clematis* L.

俗　　名：老虎须藤、吹风藤

识别要点：木质藤本植物。老枝圆柱形，具纵条纹；小枝具棱。三出复叶；小叶片近革质，卵形或卵状长圆形，有时宽卵形，边缘全缘，两面无毛。圆锥状聚伞花序具多朵花，腋生或顶生，常比叶长或与叶近等长；萼片4枚，展开，白色，长椭圆形或披针形，先端钝、凸尖，有时微凹，外面边缘被茸毛，内面无毛；雄蕊无毛。瘦果镰刀状狭卵形或狭倒卵形，被柔毛；宿存花柱长可达2.5厘米。花期6~8月，果期8~10月。

生　　境：生于山地疏林下、路边灌木丛中、山谷、溪边。常见。

观赏价值：花繁茂，色白而美丽。可观花。

绿化用途：可用于庭园观赏，可作绿篱。

柱果铁线莲 *Clematis uncinata* Champ.
铁线莲属　*Clematis* L.

俗　　名：癞子藤、猪狼藤、花木通、小叶光板力刚

识别要点：藤本植物。除花柱及萼片外其余光滑。茎圆柱形，具纵条纹。1~2回羽状复叶，具5~15片小叶；小叶片纸质或薄革质，宽卵形、卵形、长圆状卵形至卵状披针形，边缘全缘，腹面亮绿色，背面灰绿色；网脉在两面突出。圆锥状聚伞花序腋生或顶生，具多朵花；萼片4枚，展开，白色；雄蕊无毛。瘦果圆柱状钻形，宿存花柱长1~2厘米。花期6~7月，果期7~9月。

生　　境：生于疏林下、灌木丛中。常见。

观赏价值：花繁茂，色白而美丽。可观花。

绿化用途：可用于庭园观赏，可作绿篱。

蕨叶人字果 *Dichocarpum dalzielii* (Drumm. et Hutch.) W. T. Wang et Hsiao

人字果属 *Dichocarpum* W. T. Wang & P. K. Hsiao

俗　　名：岩节连

识别要点：多年生草本。全株无毛。根茎较短，密生多数黄褐色不定根。叶 3~11 片，全部基生，为鸟趾状复叶；叶片草质，顶生小叶菱形，侧生小叶 5 片或 7 片，小叶不等大；叶柄长 3.5~11.5 厘米。花葶 3~11 条，高 20~28 厘米；复单歧聚伞花序长 5~10 厘米，具 3~8 朵花；花直径 1.4~1.8 厘米；萼片白色，倒卵状椭圆形；花瓣金黄色，近圆形；雄蕊多数，花药宽椭圆形；子房狭倒卵形，花柱长约 2 毫米。蓇葖果倒"人"字形叉开，狭倒卵状披针形。种子约 8 粒，近球形。花期 4~5 月，果期 5~6 月。

生　　境：生于山地密林下、溪边、沟边等阴湿处。常见。

观赏价值：花洁白美丽，果形奇特。可观花、观果。

绿化用途：可用于溪边、沟边阴湿处造景，亦可用于花坛、花境。

阴地唐松草　*Thalictrum umbricola* Ulbr.

唐松草属　*Thalictrum* L.

识别要点：草本。全株无毛。茎高 15~50 厘米，纤细，分枝。基生叶长可达 30 厘米，2~3 回三出复叶，叶柄长可达 12 厘米，小叶片薄草质；茎生叶小，1~2 回三出复叶。伞房状聚伞花序具花少数；花梗细；萼片 4 枚，白色，早落；雄蕊多数，花药黄色，花丝上部狭倒披针形，比花药宽，下部丝状；心皮 6~9 个，有柄，柱头盘状，无柄。瘦果纺锤形，扁。花期 3~4 月。

生　　境：生于山地林下、路边、陡崖较阴湿处。常见。

观赏价值：花形奇特，似绽放的烟花。可观花。

绿化用途：可用于溪边、沟边阴湿处造景，亦可用于花坛、花境。

毛茛科　Ranunculaceae

尾花细辛　*Asarum caudigerum* Hance

细辛属　*Asarum* L.

俗　　名：白三百棒、顺河香

识别要点：多年生草本。全株散生柔毛。根茎粗壮。叶片阔卵形、三角状卵形或卵状心形，先端急尖至长渐尖，基部耳状或心形，腹面深绿色，背面浅绿色，稀稍带红色。花被绿色，被紫红色圆点状短毛丛，上部的花被裂片直立，卵状长圆形，先端骤窄成细长尾尖，尾长可达 1.2 厘米，下部的花被靠合如管，喉部稍缢缩；雄蕊比花柱长；子房下位，花柱合生。蒴果近球形，具宿存花被。花期 4~5 月。

生　　境：生于林下、溪边、路边阴湿处。常见。

观赏价值：叶近心形，深绿色。是良好的观叶植物。

绿化用途：可用作林下地被植物，亦可用于花坛、花境，还可盆栽。

地锦苗 *Corydalis sheareri* S. Moore
紫堇属 *Corydalis* DC.

俗　　名：尖距紫堇、珠芽尖距紫堇、珠芽地锦苗、鹿耳草、山芹菜、苦心胆

识别要点：多年生草本，高 10~60 厘米。根茎粗壮；茎绿色，有时带红色，汁液多，上部具分枝，下部裸露。基生叶数片，叶片三角形或卵状三角形，二回羽状全裂；茎生叶数片，互生于茎上部，与基生叶同形。总状花序生于茎及分枝顶端，具 10~20 朵花，排列稀疏；花瓣紫红色，平伸；距圆锥形，末端极尖；雄蕊束长 1~1.4 厘米，花药小，绿色，花丝披针形；子房狭椭球形。蒴果狭圆柱形，长 2~3 厘米。种子近球形，黑色，表面具多数乳突。花果期 3~6 月。

生　　境：生于水边、路边、林下潮湿处。常见。

观赏价值：植株柔弱；羽状裂叶叶形优美；花紫红色，距圆锥形且长。可观姿、观花。

绿化用途：可用于花坛、花境。

华南堇菜 *Viola austrosinensis* Y. S. Chen & Q. E. Yang

堇菜属 *Viola* L.

识别要点：多年生草本。叶近基生；叶片革质，卵形或宽卵形，基部心形，边缘具明显圆齿，腹面深绿色，背面沿脉紫红色，两面均无毛；叶柄紫红色。花粉白色；小苞片对生，线形；萼片紫红色，披针形；花瓣长圆状倒卵形，侧方花瓣无毛，下部花瓣短，明显带粉红色条纹。蒴果狭圆柱形。花期3~4月，果期6~9月。

生　　境：生于林下、路边潮湿处。常见。

观赏价值：叶近心形，革质，叶缘两侧圆齿近对称，叶柄紫红色；花小而美。可观叶、观花。

绿化用途：可用作林下地被植物，亦可盆栽。

七星莲 *Viola diffusa* Ging.

董菜属 *Viola* L.

俗　　名：蔓茎堇菜

识别要点：一年生草本。全株被毛或近无毛。基生叶多数，丛生呈莲座状，或于匍匐茎上互生；叶片卵形或卵状长圆形，先端钝或稍尖，基部宽楔形或截形，稀浅心形，明显下延于叶柄。花较小，淡紫色或浅黄色，具长梗；侧方花瓣倒卵形或长圆状倒卵形，下方花瓣连距共长约 6 毫米，明显较其他花瓣短；距极短，稍露出萼片基部附属物外。蒴果长圆柱形，无毛，顶部常具宿存花柱。花期 3~5 月，果期 5~8 月。

生　　境：生于山地林下、林缘、草坡上、路边、溪边、岩石缝隙中。常见。

观赏价值：花形优美。可观花。

绿化用途：可用于花坛、花境，亦可盆栽。

柔毛堇菜　*Viola fargesii* H. Boissieu

堇菜属　*Viola* L.

俗　　名：雪山堇菜、岩生堇菜、尖叶柔毛堇菜

识别要点：多年生草本。全株被展开的白色柔毛。根茎较粗壮；匍匐茎较长，被柔毛。叶近基生或互生于匍匐茎上；叶片卵形或宽卵形，有时近圆形，先端圆，稀具短尖，基部宽心形，有时较狭，边缘密生浅钝齿，背面被毛且沿叶脉毛较密。花白色；花梗通常高出叶丛，中部以上具2枚对生的线形小苞片；萼片狭卵状披针形或披针形，先端圆或截形，基部附属物短；花瓣长圆状倒卵形，侧方2片花瓣内面基部稍被须毛，下方1片花瓣较短；距短而粗，囊状。蒴果长圆柱形。花期3~6月，果期6~9月。

生　　境：生于林下、林缘、草坡上、溪边、沟边、路边。常见。

观赏价值：花形优美。可观花。

绿化用途：可用于花坛、花境，亦可盆栽。

紫花堇菜　*Viola grypoceras* A. Gray

堇菜属　*Viola* L.

俗　　　名：紫花高茎堇菜

识别要点：多年生草本。主根发达。地上茎数条，花期高 5~20 厘米，果期高可达 30 厘米，直立或斜升，通常无毛。基生叶心形或宽心形，两面均无毛或近无毛，密布褐色腺点；茎生叶三角状心形或狭卵状心形。花淡紫色；花梗自茎基部或茎生叶的叶腋抽出，长 6~11 厘米，远高于叶丛；花瓣倒卵状长圆形，下方花瓣连距共长 1.5~2 厘米；距长 6~7 毫米，通常向下弯，稀直伸；下方 2 枚雄蕊具稍直立的长距。蒴果椭球形，长约 1 厘米。花期 4~5 月，果期 6~8 月。

生　　　境：生于林缘、路边。常见。

观赏价值：叶心形，亮绿色；花形优美。可观叶、观花。

绿化用途：可用于花坛、花境，亦可盆栽。

长萼堇菜 *Viola inconspicua* Blume

堇菜属 *Viola* L.

俗　　名：犁头草

识别要点：多年生草本。无地上茎。叶基生，丛生呈莲座状；叶片三角形、三角状卵形或戟形，两面通常无毛。花淡紫色，具暗色条纹；花梗细弱，通常与叶丛等高或稍高于叶丛；萼片卵状披针形或披针形，先端渐尖，基部附属物伸长，末端具缺刻状浅齿，具狭膜质边缘；花瓣长圆状倒卵形，侧方花瓣内面基部被须毛，下方花瓣连距共长 10~12 毫米；距管状，直，末端钝。蒴果长圆柱形。种子卵球形。花果期 3~11 月。

生　　境：生于林缘、草坡上、路边。常见。

观赏价值：花形优美。可观花。

绿化用途：可用于花坛、花境，亦可盆栽。

亮毛堇菜 *Viola lucens* W. Beck.

堇菜属 *Viola* L.

识别要点：低矮小草本，高 5~7 厘米。全株被白色长柔毛。无地上茎，具匍匐茎。叶基生，丛生呈莲座状；叶片长圆状卵形或长圆形，长 1~2（3）厘米，先端钝，基部心形或圆形，边缘具圆齿，两面均密生白色长柔毛。花淡紫色；花梗细弱，远高于叶丛，长 3~4 厘米；萼片狭披针形，具狭膜质边缘，基部附属物短，长仅约 0.5 毫米；上方及侧方花瓣倒卵形，长约 1.1 厘米，下方花瓣船状，连距共长 9 毫米；距长 1~1.5 毫米；子房球形，无毛，花柱棒状，柱头两侧有狭缘，顶部具短喙。蒴果卵球形，长约 0.5 厘米，无毛。花期 4~5 月。

生　　境：生于草坡上、路边。常见。

观赏价值：花形优美。可观花。

绿化用途：可用于花坛、花境，亦可盆栽。

三角叶堇菜 *Viola triangulifolia* W. Beck.

堇菜属 *Viola* L.

俗　　名：蔓地草

识别要点：多年生草本，高 13~35 厘米。地上茎直立，较细弱。基生叶通常早枯，叶片宽卵形或卵形；茎生叶卵状三角形至狭三角形，先端尖，基部心形或截形，两面均无毛，具长柄。花小，单生于茎生叶的叶腋；花梗细弱；萼片基部附属物具狭膜质边缘；花瓣白色，具紫色条纹，上方花瓣长倒卵形，侧方花瓣长圆形，下方花瓣较短，匙形，连距共长约 6 毫米；距浅囊状。蒴果较小，椭球形。花果期 4~6 月。

生　　境：生于草坡上、路边。常见。

观赏价值：地上茎较高，细弱；茎生叶三角形，深绿色；花形优美。可观叶、观花。

绿化用途：可用于花坛、花境，亦可盆栽。

黄花倒水莲　*Polygala fallax* Hemsl.

远志属　*Polygala* L.

俗　　名：一身保暖、白马胎、黄花参、倒吊黄、黄花远志

识别要点：灌木或小乔木，高 1~3 米。单叶互生；叶片膜质，披针形至椭圆状披针形，边缘全缘，腹面深绿色，背面淡绿色。总状花序顶生或腋生，长 10~15 厘米，直立，开花后可延长达 30 厘米，下垂；花瓣黄色，3 片，侧瓣长圆形，2/3 以下与龙骨瓣合生，基部向上呈盔状延长，龙骨瓣盔状，鸡冠状附属物具柄，流苏状。蒴果阔倒心形至球形。种子球形，种阜盔状，顶部突起。花期 5~8 月，果期 8~10 月。

生　　境：生于山谷林下、路边、水边阴湿处。常见。

观赏价值：花序长而下垂，花黄色。可观花。

绿化用途：可用于庭园绿化。

香港远志　*Polygala hongkongensis* Hemsl.

远志属　*Polygala* L.

识别要点：直立草本至亚灌木，高15~50厘米。茎枝细。单叶互生；叶片纸质或膜质，茎下部的叶小，卵形，茎上部的叶披针形，腹面绿色，背面淡绿色至苍白色，两面均无毛。总状花序顶生，长3~6厘米，具疏松排列的7~18朵花；花长7~9毫米；花瓣3片，白色或紫色，侧瓣长3~5毫米，深波状，2/5以下与龙骨瓣合生，龙骨瓣盔状，先端具流苏状的鸡冠状附属物。蒴果近球形，具阔翅，顶部具缺刻，基部具宿存萼片。种子2粒，卵形，黑色，种阜3裂。花期5~6月，果期6~7月。

生　　境：生于路边、灌木丛中。常见。

观赏价值：花形奇特。可观花。

绿化用途：可用于花坛、花境。

曲江远志 *Polygala koi* Merr.

远志属　*Polygala* L.

识别要点：直立或平卧亚灌木，高 5~10 厘米。单叶互生；叶片多少肉质，椭圆形，边缘全缘。总状花序顶生，长 2.5~3 厘米，花多而密；花长约 10 毫米；花瓣 3 片，紫红色，长约 9 毫米，侧瓣与龙骨瓣近等长，并于 1/2 以下合生，龙骨瓣具 2 个深裂片状的鸡冠状附属物。蒴果球形，直径约 3 毫米，淡绿色，边缘带紫色，具翅，顶部具缺刻，基部具花盘及花被脱落后的环状疤痕。花期 4~9 月，果期 6~10 月。

生　　境：生于阔叶林下、竹林下。常见。

观赏价值：花紫红色，多而密。可观花。

绿化用途：可用于花坛，亦可盆栽。

珠芽景天 *Sedum bulbiferum* Makino

景天属　*Sedum* L.

景天科　Crassulaceae

俗　　名：鼠芽半枝莲、马尿花、零余子景天

识别要点：多年生草本。根须状。茎高 7~22 厘米，下部常横卧；叶腋常着生球形、肉质的小型珠芽。基部叶常对生，叶片卵状匙形；上部叶互生，叶片匙状倒披针形。聚伞花序具 3 条分枝，常再二歧分枝；花瓣 5 片，黄色，披针形，长 4~5 毫米，宽约 1.3 毫米，先端有短尖；雄蕊 10 枚，长约 3 毫米；心皮 5 个，略叉开，基部 1 毫米合生，全长约 4 毫米，含长约 1 毫米的花柱。花期 4~5 月。

生　　境：生于路边、草坪上。常见。

观赏价值：全株肉质，叶色亮绿，花繁茂且与叶相互映衬。可观叶、观花。

绿化用途：可用作地被植物，亦可用于花坛，还可盆栽。

禾叶景天 *Sedum grammophyllum* Frod.

景天属 *Sedum* L.

识别要点：草本。不育枝小。花茎弱，斜升，高 14~20 厘米，下部生不定根。中下部的叶轮生，有长距；叶片线形或倒披针形，长 2~3 厘米，宽 3~4 毫米，先端钝，具微乳头状突起。花序疏蝎尾状，具花少数；花瓣 5 片，黄色，披针形，先端渐尖，具短尖；雄蕊 10 枚，长 4~5 毫米，对瓣着生在基部以上 1.5~2 毫米处；鳞片 5 枚，近匙状四边形，稍凹，长宽各约 0.5 毫米；心皮 5 个，近星芒状排列，全长 4.5~5.5 毫米，含长约 1 毫米的花柱。种子小，卵形，长约 0.4 毫米。花期 5 月。

生　　境：生于山顶灌木丛中、林缘。常见。

观赏价值：全株肉质；叶线形，色泽亮绿；花与叶相互映衬。可观叶、观花。

绿化用途：可用作地被植物，亦可用于花坛，还可盆栽。

景天科 Crassulaceae

大落新妇 *Astilbe grandis* Stapf ex Wils.

落新妇属　*Astilbe* Buch.-Ham. ex D. Don

俗　　名：华南落新妇

识别要点：多年生草本，高 0.4~1.2 米。2~3 回三出复叶至羽状复叶，叶轴长 3.5~32.5 厘米；小叶片卵形、狭卵形至长圆形，顶生小叶有时菱状椭圆形。圆锥花序顶生，通常塔形，长 16~40 厘米，宽 3~17 厘米；花瓣 5 片，白色或紫色，线形；雄蕊 10 枚，子房半下位。幼果长约 5 毫米。花果期 6~9 月。

生　　境：生于山顶灌木丛中。常见。

观赏价值：花序长，花繁茂。可观花。

绿化用途：可用于花境。

虎耳草科　Saxifragaceae

鸡肫梅花草　*Parnassia wightiana* Wall. ex Wight et Arn.
梅花草属　*Parnassia* L.

俗　　名：鸡眼梅花草、苍耳草

识别要点：多年生草本，高 18~24（30）厘米。根茎粗大，块状。基生叶 2~4 片，具长柄，叶片宽心形，边缘全缘，向外反卷，腹面深绿色，背面淡绿色；茎近中部或偏上部具单片茎生叶，茎生叶无柄，半抱茎，叶片与基生叶同形，边缘薄而形成一圈膜质，基部具多数长约 1 毫米的铁锈色附属物，有时结合成小膜片。花单生于茎顶，直径 2~3.5 厘米；花瓣白色，长圆形、倒卵形或琴形，上半部边缘波状或具齿，稀具深缺刻，下半部（除去爪）边缘具长流苏状毛。蒴果倒卵球形。种子长圆柱形。花期 7~8 月，果期从 9 月开始。

生　　境：生于河谷边。少见。

观赏价值：叶宽心形，深绿色；花形奇特，花瓣白色，具长流苏状毛。可观叶、观花。

绿化用途：可用于湿润微环境造景，亦可盆栽。

其　　他：在 APG IV 分类系统中置于卫矛科 Celastraceae。

虎耳草 *Saxifraga stolonifera* Curt.

虎耳草属 *Saxifraga* Tourn. ex L.

俗　　名：天青地红、耳朵草、丝棉吊梅、金丝荷叶、天荷叶、老虎耳、金线吊芙蓉、石荷叶

识别要点：多年生草本，高 8~45 厘米。鞭匐枝细长。基生叶具长柄，叶片近心形、肾形至扁圆形，浅裂（有时不明显），腹面绿色，背面通常红紫色，具斑点；茎生叶披针形。圆锥状聚伞花序长 7.3~26 厘米，具 7~61 朵花；花序分枝长 2.5~8 厘米，具 2~5 朵花；花两侧对称，花瓣 5 片，其中 3 片较短的卵形，另 2 片较长的披针形至长圆形，白色，中上部具紫红色斑点，基部具黄色斑点。花果期 4~11 月。

生　　境：生于林下、岩隙阴湿处。少见。

观赏价值：叶近心形，花形奇特。可观叶、观花。

绿化用途：可用作林下地被植物，亦可用于花坛、花境，还可盆栽。

青葙 *Celosia argentea* L.

青葙属　*Celosia* L.

俗　　名：百日红、指天笔、海南青葙

识别要点：一年生草本，高 0.3~1.5 米。全株无毛。茎直立，具明显条纹。叶互生；叶片矩圆披针形、披针形或披针状条形，绿色，常带红色。花多数，密生，在茎端或枝端排成单一、无分枝的塔状或圆柱状穗状花序，花序长 3~10 厘米；苞片及小苞片白色；花被片初呈白色，先端带红色，或全部粉红色，后呈白色。胞果卵形，长 3~3.5 毫米，包于宿存花被片内。种子凸透镜状肾形，直径约 1.5 毫米。花期 5~8 月，果期 6~10 月。

生　　境：生于荒地上、路边、河谷石滩上。常见。

观赏价值：塔状或圆柱状穗状花序形似毛笔。可观花。

绿化用途：可用于花境。

苋科　Amaranthaceae

红花酢浆草　*Oxalis corymbosa* DC.

酢浆草属　*Oxalis* L.

俗　　名：多花酢浆草、紫花酢浆草、南天七、铜锤草、大酸味草

识别要点：多年生直立草本。无地上茎，地下部分有球形鳞茎。掌状三出复叶基生；小叶3片，扁圆状倒心形，先端凹，两侧角圆形，基部宽楔形。花序轴基生，二歧聚伞花序常排成伞形花序式，花序梗基生；花瓣5片，倒心形，长1.5~2厘米，淡紫色至紫红色，基部颜色较深；雄蕊10枚，较长的5枚超出花柱，另5枚长至子房中部，花丝被长柔毛；子房5室，花柱5枚，被锈色长柔毛，柱头浅2裂。花果期3~12月。

生　　境：生于路边、草地上。常见。

观赏价值：小叶3片，扁圆状倒心形；花繁茂，紫红色。可观叶、观花。

绿化用途：可用于花坛、花境。

华凤仙　*Impatiens chinensis* L.

凤仙花属　*Impatiens* L.

俗　　名：水边指甲花

识别要点：一年生草本，高 30~60 厘米。茎纤细，无毛，上部直立，下部横卧，节略膨大。叶对生，无柄或近无柄；叶片硬纸质，线形或线状披针形，稀倒卵形。花单生或 2~3 朵簇生于叶腋，无花序梗；花较大，紫红色或白色；唇瓣漏斗形，具条纹，基部渐狭成内弯或旋卷的长距；旗瓣圆形，宽约 10 毫米，先端微凹，背面中肋具狭翅且翅的先端具小尖；翼瓣无柄。蒴果椭球形，中部膨大。种子数粒，球形，直径约 2 毫米，黑色，有光泽。花期 7~8 月。

生　　境：生于沟边、沼泽地。少见。

观赏价值：花色艳丽。可观花。

绿化用途：可用于湿生环境造景。

湖南凤仙花　*Impatiens hunanensis* Y. L. Chen

凤仙花属　*Impatiens* L.

识别要点：一年生草本，高30~60厘米。茎肉质，直立。叶互生，具柄；叶片近膜质，卵形或卵状披针形，长5~13厘米，宽2.5~5厘米，边缘具粗圆齿或圆齿状锯齿。花序单生于上部叶腋，花序轴明显短于叶；花黄色，直径2.5~3厘米；侧生萼片2枚，斜卵形或近圆形，较厚而不透明；旗瓣圆形，宽10~12毫米，先端凹；翼瓣具短柄，基部裂片圆形，上部裂片较大，斧形，先端圆形；唇瓣囊状，长可达3厘米，基部急狭成长10~12毫米、钩状或内卷的距。蒴果棒状。种子多数。花期7~9月。

生　　境：生于山谷林下、河边。少见。

观赏价值：花美丽。可观花。

绿化用途：可用于湿生环境造景。

大旗瓣凤仙花 *Impatiens macrovexilla* Y. L. Chen
凤仙花属 *Impatiens* L.

识别要点：一年生草本，高 20~30 厘米。茎肉质，直立，节肿胀。叶互生，具柄；叶片膜质，长圆形或长圆状披针形，长 5~9（12）厘米，宽 2.5~4 厘米。花序单生于上部叶腋，具 2（1）朵花，花序梗细长；花紫色，长 3.5~4.5 厘米；旗瓣大，扁圆形或肾形，先端凹，背面中肋具窄龙骨状突起；翼瓣无柄，2 裂，基部裂片长圆形，先端圆形；唇瓣窄漏斗形，长 4~4.5 厘米，基部渐狭成长 2~2.5 厘米向内弯的细距。蒴果长圆柱形。花期 9~10 月。

生　　境：生于山谷阴湿处。少见。

观赏价值：花美丽。可观花。

绿化用途：可用于花境。

凤仙花科 Balsaminaceae

长柱瑞香 *Daphne championii* Benth.

瑞香属 *Daphne* L.

俗　　　名：野黄皮

识别要点：常绿直立灌木，高 0.5~1 米。茎多分枝；枝纤细，伸长。叶互生；叶片近纸质或近膜质，椭圆形或近卵状椭圆形，长 1.5~4.5 厘米，宽 0.6~1.8 厘米，先端钝或钝尖，基部宽楔形，边缘全缘，腹面亮绿色，两面均被白色丝状粗毛。花白色，通常 3~7 朵组成腋生或侧生的头状花序；无苞片或稀具叶状苞片；无花序梗或花序梗极短，无花梗；花萼筒筒状，萼裂片 4 枚，广卵形；雄蕊 8 枚，2 轮，生于花萼筒内面的中部以上，花丝短，花药黄色，长圆柱形；花盘一侧发达，鳞片状；子房椭球形，无柄或近无柄。花期 2~4 月。

生　　　境：生于林下、路边、灌木丛中。常见。

观赏价值：株形展开，纤弱；枝纤细，多分枝；头状花序腋生或侧生。可观姿、观花。

绿化用途：可用于庭园绿化、花境。

白瑞香　*Daphne papyracea* Wall. ex Steud.

瑞香属　*Daphne* L.

俗　　名：小构皮

识别要点：常绿灌木，高1~1.5米。叶互生，密集于小枝顶端；叶片膜质或纸质，长椭圆形至长圆形或长圆状披针形至倒披针形，长6~16厘米，宽1.5~4厘米，两面均无毛。花白色，多朵花簇生于小枝顶端组成头状花序。浆果熟时红色，卵形或倒梨形，长0.8~1厘米，直径0.6~0.8毫米。种子球形，直径5~6毫米。花期11月至翌年1月，果期翌年4~5月。

生　　境：生于密林下、灌木丛中。常见。

观赏价值：花簇生于小枝顶端组成头状花序，浆果熟时红色。可观花、观果。

绿化用途：可用于庭园绿化、花境。

北江荛花 *Wikstroemia monnula* Hance

荛花属 *Wikstroemia* Endl.

俗　　名：黄皮子、地棉根、山谷麻、山花皮、山棉皮

识别要点：灌木，高 0.5~0.8 米。叶对生或近对生；叶片纸质或坚纸质，卵状椭圆形至椭圆形或椭圆状披针形，长 1~3.5 厘米，宽 0.5~1.5 厘米，先端尖，基部宽楔形或近圆形。总状花序顶生，具 3~8（12）朵花；花细瘦，黄色带紫色或淡红色；雄蕊 8 枚，2 列；子房具柄，花柱短，柱头球形，顶端扁。果干燥，卵球形，基部包于宿存萼内。4~8 月开花，随即结果。

生　　境：生于山地、灌木丛中、路边。常见。

观赏价值：枝纤细优雅，花小而美。可观姿、观花。

绿化用途：可用于庭园绿化、花境。

瑞香科 Thymelaeaceae

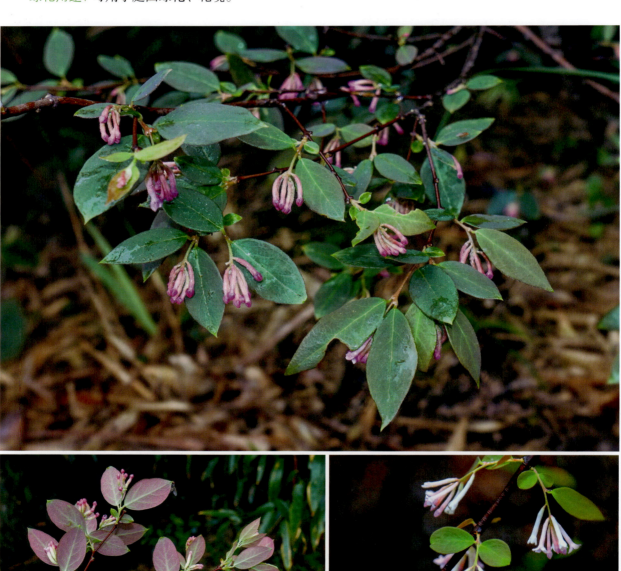

小果山龙眼　　*Helicia cochinchinensis* Lour.

山龙眼属　　*Helicia* Lour.

俗　　　名：越南山龙眼、红叶树、羊屎果、小叶山龙眼

识别要点：灌木或乔木，高4~20米。枝和叶均无毛。叶片薄革质或纸质，长圆形、倒卵状椭圆形、长椭圆形或披针形，长5~12（15）厘米，宽2.5~4（5）厘米，边缘全缘或上半部边缘疏生浅齿。总状花序腋生，长8~14（20）厘米；花被筒长10~12毫米，白色或淡黄色；子房无毛。果椭球形，长1~1.5厘米，直径0.8~1厘米；果皮干后薄革质，蓝黑色或黑色。花期6~10月，果期11月至翌年3月。

生　　　境：生于阔叶林下。常见。

观赏价值：枝繁叶茂，花序似洗瓶刷。可观姿、观花。

绿化用途：可用于庭园绿化、通道绿化。

山龙眼科　Proteaceae

大风子科 Flacourtiaceae

山桐子 *Idesia polycarpa* Maxim.

山桐子属 *Idesia* Maxim.

俗　　名：斗霜红、椅桐、椅树、水冬桐、水冬瓜

识别要点：落叶乔木，高 8~21 米。叶片薄革质或厚纸质，卵形、卵心形或宽心形，长 13~16 厘米，腹面深绿色，光滑无毛，背面具白粉；叶柄长 6~12 厘米，下部有 2~4 个紫色的扁平腺体。花单性，雌雄异株或杂性，排成顶生下垂的圆锥花序；花芳香，黄绿色，花瓣缺，雄花比雌花稍大。浆果熟时朱红色，扁球形。种子红棕色，球形。花期 4~5 月，果期 10~11 月。

生　　境：生于沟边、山地林中。常见。

观赏价值：株形高大优美；叶大型；花序及果序长，果色朱红，形似珍珠。可观姿、观花、观果。

绿化用途：可用于通道绿化、庭园绿化。

其　　他：在 APG Ⅳ 分类系统中置于杨柳科 Salicaceae。

天料木 *Homalium cochinchinense* (Lour.) Druce
天料木属　*Homalium* Jacq.

俗　　名：台湾天料木

识别要点：灌木或小乔木，高2~10米。叶片纸质，宽椭圆状长圆形至倒卵状长圆形，长6~15厘米，宽3~7厘米。花多数，单个或簇生排成总状花序，总状花序长（5）8~15厘米；花瓣匙形；花丝长于花瓣；花盘腺体近方形，被毛。蒴果倒圆锥形，长5~6毫米，近无毛。花期5~6月，果期9~12月。

生　　境：生于山地林下。常见。

观赏价值：枝繁叶茂，株形优美；花多而密，花序下垂，风吹袅袅。可观姿、观花。

绿化用途：可用于通道绿化、庭园绿化。

其　　他：在APG Ⅳ分类系统中置于杨柳科 Salicaceae。

广东西番莲 *Passiflora kwangtungensis* Merr.

西番莲属 *Passiflora* L.

俗　　名：散痈薯

识别要点：草质藤本植物，长5~6米。叶互生；叶片膜质，披针形至长圆状披针形；叶柄上部或近中部具2个盘状小腺体。花序无梗，成对生于纤细卷须的两侧，具1~2朵花；花小，白色，直径1.5~2厘米；萼片5枚；花瓣5枚，与萼片相似；外副花冠裂片1轮，丝状，内副花冠褶状，长约1.5毫米；雌蕊柄、雄蕊柄长约4.5毫米，雄蕊5枚，花丝扁平，花药长圆柱形，花柱3枚，向外弯。浆果球形。种子多数。花期3~5月，果期6~7月。

生　　境：生于路边灌木丛中、林下、林缘。常见。

观赏价值：花形奇特，结构精巧。可观花。

绿化用途：可用于花境，可作绿篱。

紫背天葵 *Begonia fimbristipula* Hance

秋海棠属 *Begonia* L.

俗　　　名：观音菜、血皮菜、天葵

识别要点：多年生无茎草本。根茎球形。叶均基生，具长柄；叶片两侧略不对称，宽卵形，基部心形至深心形，略偏斜，掌状脉7（8）条。花葶高6~18厘米，无毛；花粉红色，数朵聚成2~3回二歧聚伞花序；雄花花梗长1.5~2厘米，花被片4枚，红色；雌花花梗长1~1.5厘米，花被片3枚。蒴果下垂，倒卵状长圆柱形，无毛，具不等翅3枚。花期5月，果期从6月开始。

生　　　境：生于疏林下石上、悬崖石缝中。常见。

观赏价值：叶似心形，基部不对称，叶色从浅绿、深绿至墨绿；花小巧而美丽。可观叶、观花。

绿化用途：可用于石上绿化、花境，亦可盆栽。

粗喙秋海棠　Begonia longifolia Blume

秋海棠属　Begonia L.

俗　　名：圆果秋海棠、肉半边莲、红半边莲、半边莲、酸脚杆

识别要点：多年生草本，高 90~150 厘米。全株无毛。叶片大，长圆形，基部极偏斜，外侧延伸成一大耳状裂片，内侧圆形，边缘疏具小齿，两面均秃净。二歧聚伞花序腋生，具 2~4 朵花，一级分枝长 1.2~1.5 厘米，二级分枝长约 3 毫米；花白色；雄花花被片 4 枚，外轮 2 枚长方形，内轮 2 枚长圆形，雄蕊多数；雌花花被片 4 枚，和雄花花被片相似，子房近球形，顶部具长约 3 毫米的粗喙，3 室，中轴胎座。蒴果下垂，近球形，顶部具粗厚长喙，无翅，无棱。花期 4~5 月，果期 7 月。

生　　境：生于疏林下、山谷溪边阴湿处。少见。

观赏价值：叶不对称，叶色亮绿；花色白而美丽。可观叶、观花。

绿化用途：可用于溪边、沟边造景，庭园绿化。

秋海棠科　Begoniaceae

裂叶秋海棠　*Begonia palmata* D. Don

秋海棠属　*Begonia* L.

俗　　名：红孩儿、红天葵

识别要点：多年生草本，高可达 50 厘米。茎和叶柄均密被或被锈褐色交织茸毛。叶片形状和大小变化较大，通常斜卵形，长 5~16 厘米，宽 3.5~13 厘米，浅裂至中裂，裂片宽三角形至窄三角形，先端渐尖，基部斜心形，呈（30°）90°~130°，边缘具齿或微具齿，腹面密被短小而基部圆形的硬毛，有时散生长硬毛，背面沿叶脉密被或被锈褐色交织茸毛。聚伞花序；花玫红色或白色，花被片外面密被混合毛。蒴果具不等的 3 枚翅。花期从 6 月开始，果期从 7 月开始。

生　　境：生于河边阴湿处、山谷阴处岩石上、密林下岩壁上。常见。

观赏价值：叶大而裂，花小而美。可观叶、观花。

绿化用途：可用于溪边、沟边、岩壁上造景，庭园绿化。

秋海棠科　Begoniaceae

窄叶柃 *Eurya stenophylla* Merr.

柃属 *Eurya* Thunb.

识别要点：灌木，高 0.5~2 米。全株无毛。叶片革质或薄革质，狭披针形，有时为狭倒披针形，长 3~6 厘米，宽 1~1.5 厘米，边缘具钝齿，腹面深绿色，有光泽，背面淡绿色。花 1~3 朵簇生于叶腋；花梗长 3~4 毫米，无毛；雄花小苞片 2 枚，圆形，萼片 5 枚，近圆形，花瓣 5 片，倒卵形，雄蕊 14~16 枚，花药不具分隔，退化子房无毛；雌花的小苞片与雄花的相同，萼片 5 枚，卵形，花瓣 5 片，白色，卵形，子房卵形，无毛，花柱长约 2.5 毫米，顶部 3 裂。果长卵形。花期 10~12 月，果期翌年 7~8 月。

生　　境：生于山谷、溪边。常见。

观赏价值：枝繁叶茂，四季常绿；叶在小枝上排成 2 列，深绿色，有光泽。可观叶。

绿化用途：可用于溪边、沟边造景，庭园绿化。

其　　他：在 APG Ⅳ 分类系统中置于五列木科 Pentaphylacaceae。

银木荷 *Schima argentea* Pritz. ex Diels

木荷属　*Schima* Reinw. ex Blume

俗　　名：竹叶木荷

识别要点：乔木。嫩枝被柔毛，老枝具白色皮孔。叶片厚革质，长圆形或长圆状披针形，长8~12厘米，宽2~3.5厘米，先端尖锐，基部阔楔形，边缘全缘，腹面有光泽，背面具银白色蜡被。花数朵生于枝顶，直径3~4厘米；花梗长1.5~2.5厘米，被毛；苞片2枚，萼片圆形；花瓣长1.5~2厘米，最外面的1片较短，均被绢毛；雄蕊长约1厘米，子房被毛，花柱长约7毫米。蒴果直径1.2~1.5厘米。花期7~8月。

生　　境：生于山地林中。常见。

观赏价值：可观花。

绿化用途：可用于通道绿化、荒山绿化。

山茶科 Theaceae

木荷 *Schima superba* Gardn. et Champ.
木荷属　*Schima* Reinw. ex Blume

俗　　名：荷树、荷木、信宜木荷

识别要点：大乔木，高约25米。叶片革质或薄革质，椭圆形，长7~12厘米，宽4~6.5厘米，先端尖锐，有时略钝，基部楔形，边缘具钝齿；侧脉7~9对，在两面均明显。花常多朵排成总状花序，生于枝顶叶腋；花直径约3厘米，白色；花梗长1~2.5厘米，纤细，无毛；苞片2枚，早落；萼片半圆形，外面无毛，内面被绢毛；花瓣长1~1.5厘米，最外面的1片帽状；子房被毛。蒴果直径1.5~2厘米。花期6~8月。

生　　境：生于山地林中。常见。

观赏价值：株形高大，枝繁叶茂；花多而美丽。可观姿、观花。

绿化用途：可用于荒山造林、通道绿化、村屯绿化。

尖萼厚皮香　*Ternstroemia luteoflora* L. K. Ling

厚皮香属　*Ternstroemia* Mutis ex L. f.

识别要点：小乔木，有时为乔木或灌木，高 2~14 米，最高可达 25 米。叶互生；叶片革质，椭圆形或椭圆状倒披针形，边缘全缘，腹面深绿色，有光泽。花单性或杂性，通常单生于叶腋；小苞片 2 枚，萼片 5 枚，花瓣 5 片，白色或淡黄白色，阔倒卵形或卵圆形，先端常微凹；雄花雄蕊 35~45 枚，退化子房扁；雌花子房圆球形，2 室，胚珠每室 2 个。果球形，熟时紫红色。花期 5~6 月，果期 8~10 月。

生　　境：生于疏林中、林缘、路边、灌木丛中。常见。

观赏价值：枝繁叶茂，叶色深绿，有光泽；花黄白色；果紫红色。可观姿、观花、观果，是良好的绿化植物。

绿化用途：可用于通道绿化、庭园绿化、村屯绿化。

其　　他：在 APG Ⅳ 分类系统中置于五列木科 Pentaphylacaceae。

山茶科　Theaceae

毛花猕猴桃　*Actinidia eriantha* Benth.

猕猴桃属　*Actinidia* Lindl.

俗　　名：毛冬瓜

识别要点：大型落叶木质藤本植物。小枝密被乳白色或淡污黄色直展的茸毛或交织压紧的绵毛；髓白色，片层状。叶互生；叶片软纸质，卵形至阔卵形，长 8~16 厘米，宽 6~11 厘米，基部圆形、截形或浅心形，腹面草绿色，背面粉绿色，密被乳白色或淡污黄色星状茸毛。聚伞花序简单，具 1~3 朵花，直径 2~3 厘米；萼片淡绿色，花瓣先端和边缘橙黄色，中央和基部桃红色。果柱状卵球形，长 3.5~4.5 厘米，直径 2.5~3 厘米，密被不脱落的乳白色茸毛。花期 5~6 月，果期 11 月。

生　　境：生于灌木丛中、林缘。常见。

观赏价值：花大而美丽。可观花。

绿化用途：可用于花境，可作绿篱。

黄毛猕猴桃　*Actinidia fulvicoma* Hance

猕猴桃属　*Actinidia* Lindl.

识别要点：中型半常绿藤本植物。着花小枝密被黄褐色绵毛或锈色长硬毛；隔年枝灰褐色，一般多少有毛被残迹；髓白色，片层状。叶片纸质至亚革质，卵形、阔卵形、长卵形至披针状长卵形、卵状长圆形，腹面密被糙伏毛或蛛丝状长柔毛，背面密被或深或浅的黄褐色星状茸毛。聚伞花序密被黄褐色绵毛，通常具3朵花；苞片钻形，萼片5枚；花白色，半开展，花瓣5片。果卵球形至卵状圆柱形，幼时被茸毛，熟后秃净，暗绿色，具斑点。花期5月中旬至6月下旬，果期11月中旬。

生　　境：生于山地疏林下、灌木丛中。常见。

观赏价值：花白色。可观花。

绿化用途：可用于花境，可作绿篱。

水东哥 *Saurauia tristyla* DC.

水东哥属 *Saurauia* Willd.

俗　　名：水枇杷、白饭木、白饭果、鼻涕果

识别要点：灌木或小乔木，高3~6米。小枝无毛或被茸毛，被爪甲状鳞片或钻状刺毛。叶片纸质或薄革质，倒卵状椭圆形、倒卵形、长卵形，稀阔椭圆形，长10~28厘米，宽4~11厘米。聚伞花序1~4个簇生于叶腋或老枝落叶叶腋，长1~5厘米；花粉红色或白色，直径7~16毫米；花瓣卵形，长约8毫米，先端反卷。果球形，白色、绿色或淡黄色，直径6~10毫米。

生　　境：生于低山山地林下、灌木丛中。常见。

观赏价值：叶较大而色绿，花粉色而小巧。可观姿、观花。

绿化用途：可用于庭园绿化。

其　　他：在APG Ⅳ分类系统中置于猕猴桃科 Actinidiaceae。

轮叶赤楠 *Syzygium buxifolium* var. *verticillatum* C. Chen

蒲桃属 *Syzygium* Gaertn.

识别要点：灌木或小乔木。嫩枝具棱。叶轮生；叶片革质，阔椭圆形至椭圆形，长 1.5~3 厘米，宽 1~2 厘米，先端圆或钝，有时具钝尖头；侧脉多而密，斜行向上，离边缘 1~1.5 毫米处连合成边脉，在腹面不明显，在背面稍突起。聚伞花序顶生，长约 1 厘米，具数朵花；萼筒倒圆锥形，长约 2 毫米，萼裂片浅波状；花瓣 4 片，分离，长约 2 毫米；雄蕊长约 2.5 毫米；花柱与雄蕊等长。果球形。花期 6~8 月。

生　　境：生于路边、林下。常见。

观赏价值：株形展开；叶多而密，革质且小巧；聚伞花序顶生，有花多朵；果球形，红黑色。可观姿、观花、观果。

绿化用途：可用于花境，亦可盆栽。

桃金娘科 Myrtaceae

野牡丹科 Melastomataceae

少花柏拉木 *Blastus pauciflorus* (Benth.) Guillaum.

柏拉木属 *Blastus* Lour.

俗　　名：巨萼柏拉木、匙萼柏拉木、金花树

识别要点：灌木。茎圆柱形，分枝多，被微柔毛及黄色小腺点，幼时柔毛及腺点甚密。叶片纸质，卵状披针形至卵形，先端短渐尖，基部钝至圆形，有时略偏斜，边缘近全缘或具极细的小齿；基出脉3~5条，在腹面微凹。由聚伞花序组成小圆锥花序，顶生；花萼漏斗形，具4条棱；花瓣粉红色至紫红色，卵形，先端急尖，偏斜；雄蕊4枚。蒴果椭球形，包于宿存萼内。花期7月，果期10月。

生　　境：生于路边、灌木丛中、林下。常见。

观赏价值：株形美，分枝多；叶繁茂；花粉红色至紫红色。可观姿、观花。

绿化用途：可用于庭园绿化、花境。

过路惊 *Bredia quadrangularis* Cogn.
野海棠属 *Bredia* Blume

俗　　　名：中华野海棠、秀丽野海棠、三数野海棠

识别要点：小灌木，高 30~120 厘米。叶片坚纸质，卵形至椭圆形，先端短渐尖或钝圆，基部楔形，边缘疏具浅齿或近全缘，两面均无毛；基出脉 3 条，侧脉不明显。聚伞花序腋生于枝顶，具 3~9 朵花或略多；苞片小，钻形；花萼短钟状，具 4 条棱；花瓣玫红色至紫色，卵形，先端急尖，略偏斜；花药披针形，镰刀形弯曲；子房半下位，扁球形。蒴果杯形，具 4 条棱，顶部平截，露出宿存萼外；宿存萼浅杯形，具 4 条棱，顶部冠以浅波状宿存萼裂片。花期 6~8 月，果期 8~10 月。

生　　　境：生于山顶、路边。常见。

观赏价值：株形展开，叶色深绿，花多而美丽。可观姿、观花。

绿化用途：可用于花境。

其　　　他：在 APG IV 分类系统中置于鸭脚茶属 *Tashiroea*，拉丁名为 *Tashiroea quadrangularis* (Cogn.) R. Zhou & Ying Liu。

短葶无距花 *Fordiophyton breviscapum* (C. Chen) Y. F. Deng & T. L. Wu

肥肉草属 *Fordiophyton* Stapf

俗　　　名：短葶无距花

识别要点：草本，高 13~21 厘米。茎四棱柱形，棱上具狭翅。叶片纸质，卵形至近披针形，长（2.5）5~8.5 厘米，宽（1）2~3.5 厘米，边缘具齿，腹面被糙伏毛；基出脉 3 条，在腹面微凹，侧脉不明显。聚伞花序顶生；花瓣粉红色，长圆形，先端急尖，略偏斜；雄蕊长短各 4 枚；子房狭卵形，顶部平截。蒴果漏斗形，具 4 条棱，顶部平截，4 裂；宿存萼与果贴生。花期约 8 月，果期 9~10 月。

生　　境：生于密林下、水边。少见。

观赏价值：株形柔弱可爱，茎稍肉质，叶多，花美丽。可观姿、观花。

绿化用途：可用于花坛、花境、湿生环境造景，亦可盆栽。

异药花　*Fordiophyton faberi* Stapf

肥肉草属　*Fordiophyton* Stapf

俗　　　名：肥肉草、百花子、棱茎木、羊刀尖

识别要点：草本或亚灌木，高30~80厘米。茎四棱柱形，具槽，无毛。叶片膜质，广披针形至卵形，稀披针形，边缘具不甚明显的细齿；基出脉5条。不明显的聚伞花序或伞形花序顶生，花序梗基部具1轮覆瓦状排列的苞片；苞片广卵形或近圆形，通常带紫红色，透明，长约1厘米；花萼长漏斗形，具4条棱；花瓣红色或紫红色，长圆形，先端偏斜；雄蕊长者花丝长约1.1厘米，短者花丝长约7毫米。蒴果倒圆锥形，顶部4孔裂。花期8~9月，果期约翌年6月。

生　　　境：生于路边、林缘。常见。

观赏价值：植株稍肉质，叶色绿，花可爱。可观姿、观花。

绿化用途：可用于花境。

野牡丹科　Melastomataceae

地菍 *Melastoma dodecandrum* Lour.

野牡丹属　*Melastoma* L.

俗　　名：地菍、铺地锦、地茸

识别要点：匍匐小灌木。茎匍匐上升，逐节生不定根，分枝多且披散。叶对生；叶片坚纸质，卵形或椭圆形，长1~4厘米，宽0.8~2（3）厘米；基出脉3~5条。聚伞花序顶生，具（1）3朵花；花瓣淡紫红色至紫红色，菱状倒卵形。果坛状球形，平截，近顶部略缢缩，肉质，不开裂，长7~9毫米，直径约7毫米；宿存萼疏被糙伏毛。花期5~7月，果期7~9月。

生　　境：生于路边、草地上。常见。

观赏价值：花美丽。可观花。

绿化用途：可用作地被植物，亦可用于护坡、花坛。

印度野牡丹　*Melastoma malabathricum* Linnaeus

野牡丹属　*Melastoma* L.

俗　　名：暴牙郎、毡帽泡花、炸腰花、展毛野牡丹、多花野牡丹、野牡丹

识别要点：灌木，高约1米。叶片坚纸质，披针形、卵状披针形或近椭圆形，边缘全缘，腹面密被糙伏毛；基出脉5条。伞房花序生于分枝顶端，近头状；花萼长约1.6厘米，密被鳞片状糙伏毛，萼裂片广披针形，与萼筒等长或比萼筒略长；花瓣粉红色至红色，稀紫红色；雄蕊长者药隔基部伸长，弯曲，短者药隔不伸长；子房半下位。蒴果坛状球形，顶部平截，与宿存萼贴生。花期2~5月，果期8~12月，稀至翌年1月。

生　　境：生于路边、灌木丛中。常见。

观赏价值：花美丽。可观花。

绿化用途：可用于花境。

星毛金锦香　*Osbeckia stellata* Ham. ex D. Don: C. B. Clarke

金锦香属　*Osbeckia* L.

俗　　名：朝天罐

识别要点：灌木，高 0.3~1（1.2）米。茎四棱柱形，稀六棱柱形，被平贴的糙伏毛或向上的糙伏毛。叶对生或有时 3 片轮生；叶片坚纸质，卵形至卵状披针形，长 5.5~11.5 厘米，宽 2.3~3 厘米，边缘全缘。稀疏的聚伞花序组成圆锥花序，顶生，长 7~22 厘米或更长；花瓣深红色至紫色，卵形。蒴果长卵形，包于宿存萼内；宿存萼长坛状，中部略向上缢缩，长约 1.4（2）厘米，被刺毛状具柄的星状毛。花果期 7~9 月。

生　　境：生于路边、灌木丛中。常见。

观赏价值：花美丽。可观花。

绿化用途：可用于花境。

锦香草　*Phyllagathis cavaleriei* (Lévl. et Van.) Guillaum.

锦香草属　*Phyllagathis* Blume

俗　　名：铺地毡、猫耳朵草、熊巴耳、熊巴掌

识别要点：草本，高10~15厘米。茎直立或匍匐，逐节生不定根，近肉质，通常不分枝。叶片纸质或近膜质，广卵形、广椭圆形或圆形，长6~12.5(16)厘米，宽4.5~11(14)厘米，先端广急尖至近圆形，有时微凹，基部心形，边缘具不明显的细浅波齿及缘毛，两面均绿色或有时背面紫红色；基出脉7~9条。伞形花序顶生；苞片倒卵形或近倒披针形，通常仅有4枚；花萼漏斗形，具4条棱；花瓣粉红色至紫色，广倒卵形，上部略偏斜，先端急尖；雄蕊近等长。蒴果杯状，顶部冠4裂。花期6~8月，果期7~9月。

生　　境：生于林下、路边阴湿处。常见。

观赏价值：叶大，叶脉明显且下陷，幼时带紫色；花美丽。可观叶、观花。

绿化用途：可用作林下地被植物，亦可用于花境、花坛，还可盆栽。

野牡丹科　Melastomataceae

毛柄锦香草　*Phyllagathis oligotricha* Merr.

锦香草属　*Phyllagathis* Blume

俗　　名：秃柄锦香草

识别要点：小灌木。植株下部常平卧，具匍匐茎，逐节生不定根，上升部分高 10~20 厘米。同一节上的 1 对叶有时 1 片较大；叶片坚纸质或略厚，广卵形至广椭圆形；基出脉 5 条。聚伞花序或紧缩至近伞形花序，顶生或 3~5 个生于植株上部；花萼钟状漏斗形，具 4 条棱；花瓣粉红色至红色，卵状长圆形；雄蕊近等长；子房近球形，顶部平截。蒴果杯形，具 4 条钝棱，顶部平截，包于宿存萼内。花期 5~6 月，果期 8~10 月。

生　　境：生于林下、路边。常见。

观赏价值：叶幼时带赭石色、茶绿色，叶脉与叶其他部位的颜色不同，侧脉平行；花美丽。可观叶、观花。

绿化用途：可用于花境、花坛，亦可盆栽。

其　　他：在 APG Ⅳ 分类系统中置于鸭脚茶属 *Tashiroea*，拉丁名为 *Tashiroea oligotricha* (Merr.) R. Zhou & Ying Liu。

楮头红 *Sarcopyramis napalensis* Wallich
肉穗草属 *Sarcopyramis* Wall.

俗　　名：尼泊尔肉穗草

识别要点：直立草本，高 10~30 厘米。茎四棱柱形，肉质。叶片膜质，广卵形或卵形，稀近披针形，边缘具细齿；基出脉 3~5 条。聚伞花序生于分枝顶端，具 1~3 朵花，基部具 2 枚叶状苞片；苞片卵形，近无柄；花萼长约 5 毫米，四棱柱形，棱上具狭翅，萼裂片先端平截，具流苏状长缘毛膜质的盘；花瓣粉红色，倒卵形，先端平截，偏斜，另一侧具小尖头；雄蕊等长；子房顶部具膜质冠。蒴果杯形，具 4 条棱，膜质冠伸出宿存萼 1 倍；宿存萼及萼裂片与花同时存在。花期 8~10 月，果期 9~12 月。

生　　境：生于密林下阴湿处、溪边。常见。

观赏价值：植株矮小，肉质，可爱；花娇小美丽。可观姿、观花。

绿化用途：可用作林下地被植物，亦可盆栽。

野牡丹科 Melastomataceae

衡山金丝桃　*Hypericum hengshanense* W. T. Wang

金丝桃属　*Hypericum* L.

俗　　名：衡山遍地金、新宁金丝桃

识别要点：多年生草本。全株无毛。茎直立，高 62~100 厘米，多分枝；茎及分枝圆柱形，其上具短分枝。叶无柄；叶片纸质，长圆状披针形，长 4~6 厘米，宽 1.2~1.6 厘米，先端钝，基部宽楔形，稍斜，腹面深绿色，背面淡绿色，散布透明腺点，边缘具黑色腺点。聚伞花序顶生，直径约 7 厘米，具 3~5 朵花；苞片无柄，线状披针形或线形；萼片 5 枚，长圆状披针形，边缘被具腺的睫毛；花瓣 5 片，黄色，狭长圆形，长约 1.5 厘米，宽约 2.5 毫米，边缘具黑色腺点；雄蕊多数，3 束；子房卵球形，花柱 3 枚，自基部极叉开，长约 18 毫米。花期 7 月。

生　　境：生于山顶灌木丛中。常见。

观赏价值：花黄色，美丽。可观花。

绿化用途：可用于花境。

杜英 *Elaeocarpus decipiens* Hemsl.
杜英属　*Elaeocarpus* L.

识别要点：常绿乔木，高5~15米。叶片革质，披针形或倒披针形，长7~12厘米，宽2~3.5厘米，先端渐尖，尖头钝，基部楔形，常下延，边缘具小钝齿，腹面深绿色，背面秃净无毛；侧脉7~9对，在腹面不明显，在背面稍突起，网脉在两面均不明显。总状花序多生于叶腋及无叶的去年生枝条上，长5~10厘米；花白色；萼片披针形；花瓣倒卵形，与萼片等长，上半部撕裂，裂片14~16枚；花丝极短，花药顶部无附属物；花盘5裂。核果椭球形，长2~2.5厘米，直径1.3~2厘米。花期6~7月。

生　　境：生于林中。常见。

观赏价值：株形高大，叶色深绿，花美丽。可观姿、观花。

绿化用途：可用于通道绿化、庭园绿化、村屯绿化。

日本杜英　*Elaeocarpus japonicus* Sieb. et Zucc.

杜英属　*Elaeocarpus* L.

俗　　名：薯豆

识别要点：乔木。叶片革质，通常卵形，亦有椭圆形或倒卵形，边缘具疏齿，初时两面均密被银灰色绢毛，很快秃净，老叶腹面深绿色，有光泽；侧脉5~6对；叶柄长2~6厘米。总状花序长3~6厘米，生于当年枝的叶腋内；花两性或单性；两性花萼片5枚，花瓣长圆形，与萼片等长，两面均被毛，雄蕊15枚，花丝极短，花盘10裂，连合成环，子房被毛，3室；雄花萼片5~6枚，花瓣5~6片，均两面被毛，雄蕊9~14枚，退化子房存在或缺失。核果椭球形，长1~1.3厘米。花期4~5月。

生　　境：生于山地林中。常见。

观赏价值：枝繁叶茂，花多而密，果熟时蓝色。可观姿、观花、观果。

绿化用途：可用于通道绿化、庭园绿化。

猴欢喜　*Sloanea sinensis* (Hance) Hemsl.

猴欢喜属　*Sloanea* L.

识别要点：乔木，高约 20 米。叶片薄革质，形状和大小变化较大，通常为长圆形或狭窄倒卵形，长 6~9 厘米，最长可达 12 厘米，宽 3~5 厘米，边缘通常全缘，有时上半部疏具数枚齿；侧脉 5~7 对；叶柄长 1~4 厘米，无毛。花多朵簇生于枝顶叶腋；花梗长 3~6 厘米；萼片 4 枚，阔卵形；花瓣 4 片，白色，外面被微毛，先端撕裂状且具齿刻；雄蕊与花瓣等长。蒴果大小不一，直径 2~5 厘米，3~7 片裂开，针刺长 1~1.5 厘米，内果皮紫红色。种子长 1~1.3 厘米，黑色，有光泽，具假种皮。花期 9~11 月，果期翌年 6~7 月。

生　　境：生于山地林中。常见。

观赏价值：株形高大，枝繁叶茂；花白色，多朵簇生于枝顶；果红色。可观姿、观花、观果。

绿化用途：可用于通道绿化、庭园绿化。

杜英科　Elaeocarpaceae

梧桐科 Sterculiaceae

两广梭罗树　Reevesia thyrsoidea Lindley

梭罗树属　Reevesia Lindl.

俗　　名：油在麻、复序利未花

识别要点：常绿乔木。叶片革质，矩圆形、椭圆形或矩圆状椭圆形，长 5~7 厘米，宽 2.5~3 厘米，先端急尖或渐尖，基部圆形或钝，两面均无毛；叶柄长 1~3 厘米，两端膨大。聚伞状伞房花序顶生，花密集；花萼钟状，5 裂；花瓣 5 片，白色，匙形，长约 1 厘米，略向外扩展；雌雄蕊柄长约 2 厘米，顶端约具花药 15 个；子房球形，5 室，被毛。蒴果椭球状梨形，具 5 条棱，长约 3 厘米。花期 3~4 月。

生　　境：生于林中、山谷溪边。常见。

观赏价值：株形高大，枝繁叶茂；花密集；果梨形。可观姿、观花、观果。

绿化用途：可用于通道绿化、庭园绿化、村屯绿化。

其　　他：在 APG Ⅳ 分类系统中置于锦葵科 Malvaceae。

木芙蓉　*Hibiscus mutabilis* L.

木槿属　*Hibiscus* L.

俗　　名：酒醉芙蓉、芙蓉花、重瓣木芙蓉

识别要点：落叶灌木或小乔木，高 2~5 米。叶片宽卵形至卵圆形或心形，宽 10~15 厘米，常 5~7 裂，裂片三角形，先端渐尖，边缘具钝圆齿；基出脉 7~11 条。花单生于枝顶叶腋，直径约 8 厘米；花梗长 5~8 厘米；小苞片 8 枚，线形；花萼钟状，长 2.5~3 厘米，萼裂片 5 枚，卵形，头渐尖；花瓣近圆形，宽 4~5 厘米，初时白色或淡红色，后变深红色，雄蕊柱长 2.5~3 厘米；花柱 5 枚。蒴果扁球形，直径约 2.5 厘米，被淡黄色刚毛和绵毛，果 5 片。种子肾形。花期 8~10 月。

生　　境：生于路边灌木丛中。有栽培，也有逸为野生。常见。

观赏价值：花大而美丽。可观花。

绿化用途：可用于花境。

锦葵科　Malvaceae

东方古柯　*Erythroxylum sinense* Y. C. Wu

古柯属　*Erythroxylum* P. Browne

俗　　名：木豇豆、猫脷木、大茶树

识别要点：灌木或小乔木，高可达6米。叶片长椭圆形、倒披针形或倒卵形，长2~14厘米，宽1~4厘米，先端短渐尖，基部楔形。花2~7朵簇生或单朵腋生；花萼长1~1.5毫米，5深裂，基部连成浅杯状，萼裂片宽卵形；花瓣卵状长圆形，长3~6毫米；雄蕊10枚，基部连成浅杯状。核果长圆柱形或宽椭球形，长0.6~1.7厘米，熟时红色。花期4~5月，果期5~10月。

生　　境：生于路边、山地林下。常见。

观赏价值：枝条柔弱展开，花娇小可爱，果红色亮丽。可观姿、观花、观果。

绿化用途：可用于庭园绿化。

木油桐 *Vernicia montana* Lour.

油桐属　*Vernicia* Lour.

俗　　名：千年桐、皱桐、龟背桐

识别要点：落叶乔木，高可达 20 米。叶片阔卵形，长 8~20 厘米，宽 6~18 厘米，先端短尖至渐尖，基部心形至平截，边缘全缘或 2~5 裂；掌状脉 5 条；叶柄长 7~17 厘米，顶端具 2 个具柄的杯状腺体。花序生于当年生已发叶的枝条上；花雌雄异株或有时同株异序；花萼无毛，长约 1 厘米，2~3 裂；花瓣白色或基部紫红色且具紫红色脉纹，倒卵形，长 2~3 厘米；雄花雄蕊 8~10 枚，外轮离生，内轮花丝下半部合生；雌花子房密被棕褐色柔毛，3 室。核果卵球形，直径 3~5 厘米，具 3 条纵棱，棱间具粗疏网状皱纹。花期 4~5 月。

生　　境：生于山地林中。常见。

观赏价值：株形高大，叶大而深绿，花多而美丽。可观姿、观花。

绿化用途：可用于通道绿化、庭园绿化、村屯绿化。

鼠刺 *Itea chinensis* Hook. et Arn.

鼠刺属　*Itea* L.

俗　　名：老鼠刺

识别要点：灌木或小乔木，高 4~10 米。叶片薄革质，倒卵形或卵状椭圆形，长 5~12（15）厘米，宽 3~6 厘米，先端锐尖，基部楔形，两面均无毛，边缘上部具不明显小圆齿，波状或近全缘；侧脉 4~5 对，弧状上弯，在近缘处相连。总状花序腋生，单生或稀 2~3 个簇生，直立；花多数，2~3 朵簇生，稀单生；苞片线状钻形；萼筒浅杯状；花瓣白色，披针形，长 2.5~3 毫米，开花时直立，先端稍向内弯；雄蕊与花瓣近等长或稍长于花瓣。蒴果长圆柱状披针形，长 6~9 毫米，具纵条纹。花期 3~5 月，果期 5~12 月。

生　　境：生于疏林下、路边。常见。

观赏价值：花序多而稠密。可观花。

绿化用途：可用于庭园绿化、花境。

峨眉鼠刺 *Itea omeiensis* C. K. Schneider

鼠刺属 *Itea* L.

俗　　　名：矩叶鼠刺

识别要点：灌木或小乔木，高 1.5~10 米。叶片薄革质，长圆形，稀椭圆形，长 6~16 厘米，宽 2.5~6 厘米，边缘具极明显的密集细齿，近基部近全缘，腹面深绿色，背面淡绿色，两面均无毛；侧脉 5~7 对；叶柄长 1~1.5 厘米，粗壮。总状花序腋生，单生或 2~3 个簇生，通常长于叶，直立；花梗长 2~3 毫米，基部具叶状苞片；苞片长可达 1.1 厘米，宽约 1 毫米；萼筒浅杯状，萼裂片三角状披针形；花瓣白色，披针形，开花时直立；雄蕊与花瓣等长或长于花瓣。蒴果长 6~9 毫米。花期 3~5 月，果期 6~12 月。

生　　　境：生于路边、疏林下、灌木丛中。常见。

观赏价值：花序直立，花多。可观花。

绿化用途：可用于庭园绿化、花境。

绣球花科 Hydrangeaceae

常山 *Dichroa febrifuga* Lour.

常山属　*Dichroa* Lour.

俗　　名：鸡骨常山、土常山

识别要点：灌木，高 1~2 米。叶片形状和大小变化较大，常椭圆形、倒卵形、椭圆状长圆形或披针形，长 6~25 厘米，宽 2~10 厘米，无毛或疏被毛。伞房状圆锥花序顶生，有时叶腋具侧生花序，直径 3~20 厘米；花蓝色或白色。浆果直径 3~7 毫米，蓝色，干时黑色。种子长约 1 毫米，种皮具网纹。花期 2~4 月，果期 5~8 月。

生　　境：生于路边、灌木丛中。常见。

观赏价值：株形展开，叶多而密，花果均蓝色。可观姿、观花、观果。

绿化用途：可用于花境。

罗蒙常山 *Dichroa yaoshanensis* Y. C. Wu

常山属　*Dichroa* Lour.

识别要点：亚灌木。小枝、叶柄、叶脉和花序均被微细皱卷短柔毛，间具半透明长粗毛。叶片纸质，椭圆形或卵状椭圆形，长 5~17 厘米，宽 3~7.5 厘米，边缘具齿，除叶脉外两面均被长粗毛，背面毛较短而密；侧脉 5~11 对。伞房状聚伞花序直径 2~4 厘米，稀可达 6 厘米，稠密；花序梗极短；花蕾长圆柱状倒卵形，长 5~7 毫米，蓝色；花萼倒圆锥形，密被皱卷短柔毛和长粗毛，萼裂片 5~6 枚；花瓣长圆状披针形；雄蕊 10~12 枚；子房近下位。果近球形，直径 4~5 毫米，疏被长柔毛。花期 5~7 月，果期 9~11 月。

生　　境：生于路边、疏林下。常见。

观赏价值：花果均蓝色。可观花、观果。

绿化用途：可用于花境。

绣球花科　Hydrangeaceae

圆锥绣球　*Hydrangea paniculata* Sieb.

绣球属　*Hydrangea* L.

俗　　名：水亚木、枥叶绣球、白花丹、轮叶绣球

识别要点：灌木或小乔木，高 1~5 米，有时可达 9 米。叶 2~3 片对生或轮生；叶片纸质、卵形或椭圆形，长 5~14 厘米，宽 2~6.5 厘米；侧脉 6~7 对，上部微弯，小脉稠密网状，在背面明显。圆锥状聚伞花序尖塔形，长可达 26 厘米，花序轴及分枝均密被短柔毛；不育花较多，白色，萼片 4 枚，阔椭圆形或近圆形，不等大，结果时长 1~1.8 厘米；能育花萼筒陀螺状，萼裂片短三角形，花瓣白色，雄蕊不等长，花药近球形，子房半下位，花柱 3 枚。蒴果椭球形。花期 7~8 月，果期 10~11 月。

生　　境：生于路边、山地疏林下、山脊灌木丛中。常见。

观赏价值：株形展开；叶较大；花序长，花密集。可观姿、观花。

绿化用途：可用于花境。

钟花樱 *Cerasus campanulata* (Maxim.) Yü et Li
樱属 *Cerasus* Mill.

俗　　名：钟花樱桃、山樱花、福建山樱花

识别要点：灌木或乔木，高 3~8 米。树皮黑褐色。冬芽卵形，无毛。叶片薄革质，卵形、卵状椭圆形或倒卵状椭圆形，长 4~7 厘米，宽 2~3.5 厘米，边缘具急尖齿；侧脉 8~12 对；叶柄长 8~13 毫米，无毛，顶端常具 2 个腺体。伞形花序具 2~4 朵花，花先叶开放；花直径 1.5~2 厘米；花梗长 1~1.3 厘米；萼筒钟状，基部略膨大，萼裂片长圆形，长约 2.5 毫米，先端钝圆，边缘全缘；花瓣倒卵状长圆形，粉红色，先端颜色较深，下凹，稀边缘全缘；雄蕊 39~41 枚。核果卵球形。花期 2~3 月，果期 4~5 月。

生　　境：生于林下、林缘。常见。

观赏价值：花先叶开放，花开时一树粉红色鲜花；果熟时红色，艳丽。可观花、观果。

绿化用途：可用于通道绿化、庭园绿化。

其　　他：在 APG Ⅳ 分类系统中置于李属 *Prunus*，拉丁名为 *Prunus campanulata* (Maxim.) Yü et Li。

蔷薇科　Rosaceae

蔷薇科 Rosaceae

香花枇杷 *Eriobotrya fragrans* Champ. ex Benth.

枇杷属　*Eriobotrya* Lindl.

俗　　名：山枇杷

识别要点：常绿灌木或小乔木，高可达10米。叶片革质，长椭圆形，长7~15厘米，宽2.5~5厘米，先端急尖或短渐尖，基部楔形或渐狭，边缘在中部以上具不明显疏齿，中部以下全缘；侧脉9~11对。圆锥花序顶生，长7~9厘米；花瓣白色，椭圆形；雄蕊20枚，较花瓣短。果球形，直径1~2.5厘米。花期4~5月，果期8~9月。

生　　境：生于山地林下。常见。

观赏价值：株形展开；叶大而深绿；花白色，极芳香。可观姿、观花。

绿化用途：可用于通道绿化、庭园绿化。

腺叶桂樱 *Lauro-cerasus phaeosticta* (Hance) Schneid.
桂樱属 *Lauro-cerasus* Torn. ex Duh.

俗　　名：腺叶稠李、腺叶野樱

识别要点：常绿灌木或小乔木，高 4~12 米。叶片近革质，狭椭圆形、长圆形或长圆状披针形，稀倒卵状长圆形，长 6~12 厘米，宽 2~4 厘米，先端长尾尖，基部楔形，边缘全缘，两面均无毛，背面散生黑色小腺点，基部近叶缘常具 2 个较大的扁平基腺；侧脉 6~10 对。总状花序单生于叶腋，具数朵至 10 余朵花，长 4~6 厘米；花直径 4~6 毫米；花萼外面无毛，萼筒杯状；花瓣近圆形，白色；雄蕊 20~35 枚，花柱长约 5 毫米。果近球形或横向椭球形，紫黑色，无毛。花期 4~5 月，果期 7~10 月。

生　　境：生于山地林下。常见。

观赏价值：株形展开，叶繁茂，花多而密。可观姿、观花。

绿化用途：可用于通道绿化、庭园绿化、村屯绿化。

蔷薇科 Rosaceae

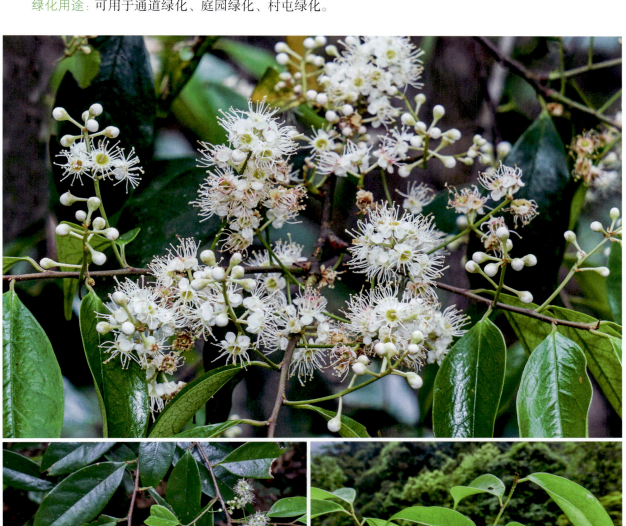

光叶石楠　　*Photinia glabra* (Thunb.) Maxim.

石楠属　*Photinia* Lindl.

俗　　名：山官木、石斑木、红檬子、光凿树、扇骨木

识别要点：小乔木，高3~5米，最高可达7米。叶片革质，幼时及老时皆红色，椭圆形、长圆形或长圆状倒卵形，长5~9厘米，宽2~4厘米，先端渐尖，基部楔形，边缘疏生浅钝细齿，两面均无毛；侧脉10~18对。复伞房花序顶生，直径5~10厘米；花多数，萼筒杯状，无毛，萼裂片三角形；花瓣白色，反卷，倒卵形，先端钝圆；雄蕊20枚，约与花瓣等长或较花瓣短；花柱2枚，稀3枚，柱头头状。果卵形，红色。花期4~5月，果期9~10月。

生　　境：生于路边、林中。常见。

观赏价值：株形展开，叶片幼时及老时皆红色，花多，果红色。可观姿、观叶、观花、观果。

绿化用途：可用于通道绿化、庭园绿化、花境。

小叶石楠 *Photinia parvifolia* (Pritz.) Schneid.

石楠属　*Photinia* Lindl.

俗　　名：山红子、牛李子、牛筋木

识别要点：落叶灌木。叶片草质，椭圆形、椭圆状卵形或菱状卵形，长4~8厘米，宽1~3.5厘米，先端渐尖或尾尖，基部宽楔形或近圆形，边缘具尖锐腺齿，腹面有光泽；侧脉4~6对。伞形花序具2~9朵花，生于侧枝顶端，无花序梗；花梗细，长1~2.5厘米，无毛，具疣点；花直径0.5~1.5厘米；萼筒杯状，萼裂片卵形；花瓣白色，圆形，先端钝，具极短的爪；雄蕊20枚，较花瓣短；花柱2~3枚。果椭球形或卵形，长9~12毫米，直径5~7毫米，橘红色或紫色，无毛，具直立宿存萼裂片。花期4~5月，果期7~8月。

生　　境：生于林下、路边灌木丛中。常见。

观赏价值：花多，果熟时红色。可观花、观果。

绿化用途：可用于庭园绿化。

绒毛石楠　*Photinia schneideriana* Rehd. et Wils.

石楠属　*Photinia* Lindl.

薔薇科 Rosaceae

识别要点：灌木或小乔木，高可达 7 米。叶片长圆状披针形或长椭圆形，长 6~11 厘米，宽 2~5.5 厘米，先端渐尖，基部宽楔形，边缘具锐齿，腹面初疏生长柔毛，后脱落，背面永被稀疏茸毛；侧脉 10~15 对。花多数，排成顶生复伞房花序，花序梗和分枝均疏生长柔毛；萼筒杯状，萼裂片直立、展开、圆形；花瓣白色，近圆形，先端钝，无毛，基部具短爪；雄蕊 20 枚，约和花瓣等长；花柱 2~3 枚，基部连合。果卵形，长约 10 毫米，直径约 8 毫米，带红色，具小疣点，顶部具宿存萼裂片。花期 5 月，果期 10 月。

生　　境：生于林下、路边。常见。

观赏价值：花序较大，花多。可观花。

绿化用途：可用于通道绿化、庭园绿化、村屯绿化。

石斑木 *Rhaphiolepis indica* (Linnaeus) Lindley

石斑木属　*Rhaphiolepis* Lindl.

俗　　名：车轮梅、春花、山花木、石棠木

识别要点：常绿灌木，稀小乔木，高可达4米。叶片集生于枝顶，卵形、长圆形，稀倒卵形或长圆状披针形，先端钝圆、急尖、渐尖或长尾尖，基部渐狭并下延于叶柄，边缘具细钝齿，腹面有光泽，平滑无毛，背面色淡，无毛或被稀疏茸毛；网脉在腹面不显明或明显下陷，在背面不明显，叶脉在背面稍突起。圆锥花序或总状花序顶生，花序梗和花梗均被锈色茸毛；花直径1~1.3厘米；萼筒筒状，边缘及内外面均被褐色茸毛或无毛，萼裂片5枚；花瓣5片，白色或淡红色；雄蕊15枚，与花瓣等长或稍长。果球形，紫黑色。花期4月，果期7~8月。

生　　境：生于路边灌木丛中。常见。

观赏价值：株形展开，叶色深绿，花美丽。可观姿、观花。

绿化用途：可用于庭园绿化。

蔷薇科　Rosaceae

软条七蔷薇 *Rosa henryi* Bouleng.

蔷薇属 *Rosa* L.

蔷薇科 Rosaceae

俗　　名：湖北蔷薇、亨氏蔷薇

识别要点：藤状灌木。小枝具短扁、弯曲的皮刺或无刺。小叶通常5片，近花序的小叶常为3片，连叶柄共长9~14厘米；小叶片长圆形、卵形、椭圆形或椭圆状卵形，边缘具锐齿，两面均无毛；托叶大部分贴生于叶柄，离生部分披针形。伞形伞房状花序具5~15朵花；花直径3~4厘米；花梗和萼筒均无毛，有时被腺毛；萼裂片披针形；花瓣白色，宽倒卵形，先端微凹，基部宽楔形；花柱结合成柱，被柔毛，比雄蕊稍长。果近球形，熟后红褐色。

生　　境：生于路边灌木丛中。常见。

观赏价值：花大而美丽。可观花。

绿化用途：可用于庭园绿化、花境。

野珠兰 *Stephanandra chinensis* Hance
小米空木属（野珠兰属） *Stephanandra* Sieb. et Zucc.

薔薇科 Rosaceae

俗　　名：华空木、中华野珠兰、中国小米空木
识别要点：灌木，高可达 1.5 米。叶片卵形至长椭卵形，长 5~7 厘米，宽 2~3 厘米，先端渐尖，稀尾尖，基部近心形、圆形，稀宽楔形，边缘常浅裂并具重齿，两面均无毛；侧脉 7~10 对，斜出。顶生疏松的圆锥花序，长 5~8 厘米，直径 2~3 厘米；苞片小；萼筒杯状，萼裂片三角卵形；花瓣倒卵形，稀长圆形，白色；雄蕊 10 枚，着生于萼筒边缘，较花瓣短，约为花瓣长度的 1/2；心皮 1 个，花柱顶生，直立。蓇葖果近球形，直径约 2 毫米。花期 5 月，果期 7~8 月。
生　　境：生于山顶灌木丛中、路边。常见。
观赏价值：株形展开，枝繁叶茂，花小巧。可观姿、观花。
绿化用途：可用于花境，可作绿篱。

红果树 *Stranvaesia davidiana* Dcne.

红果树属 *Stranvaesia* Lindl.

俗　　名：斯脱兰威木、柳叶红果树

识别要点：灌木或小乔木，高 1~10 米。枝条密集，小枝粗壮。叶片长圆形、长圆状披针形或倒披针形，长 5~12 厘米，宽 2~4.5 厘米，先端急尖或突尖，基部楔形至宽楔形，边缘全缘。复伞房花序直径 5~9 厘米，花多而密；花直径 5~10 毫米；萼裂片三角卵形，先端急尖，边缘全缘；花瓣近圆形，宽约 4 毫米，基部具短爪，白色；雄蕊 20 枚，花药紫红色；花柱 5 枚，大部分连合，柱头头状。果近球形，橘红色。花期 5~6 月，果期 9~10 月。

生　　境：生于山顶路边、灌木丛中。常见。

观赏价值：株形展开，枝条密集；叶繁茂，叶色亮绿；花多而密；果橘红色。可观姿、观花、观果。

绿化用途：可用于庭园绿化，亦可盆栽。

阔裂叶龙须藤　*Bauhinia apertilobata* Merr. et Metc.

羊蹄甲属　*Bauhinia* L.

俗　　　名：阔裂叶羊蹄甲、搭袋藤、亚那藤

识别要点：藤本植物。具卷须；嫩枝、叶柄及花序各部分均被短柔毛。叶片纸质，卵形、阔椭圆形或近圆形，长5~10厘米，宽4~9厘米，基部阔圆形、截形或心形，先端通常浅裂为2枚短而阔的裂片，嫩叶先端常不分裂而呈截形；基出脉7~9条。伞房式总状花序腋生或1~2个顶生，长4~8厘米，直径4~7厘米；花瓣白色或淡白绿色，具瓣柄，近匙形，外面中部被毛；能育雄蕊3枚，子房具柄。荚果倒披针形或长圆柱形，扁平，长7~10厘米，宽3~4厘米；果瓣厚革质。花期5~7月，果期8~11月。

生　　　境：生于路边、林下。常见。

观赏价值：叶较大，先端浅裂；花色淡绿。可观叶、观花。

绿化用途：可用于庭园绿化、花境。

其　　　他：在APG Ⅳ分类系统中置于豆科Fabaceae 火索藤属 *Phanera*，拉丁名为 *Phanera apertilobata* (Merr. & F. P. Metcalf) K. W. Jiang。

粉叶首冠藤　*Bauhinia glauca* (Wall. ex Benth.) Benth.

羊蹄甲属　*Bauhinia* L.

俗　　名：粉叶羊蹄甲

识别要点：木质藤本植物。花序稍被锈色短柔毛，其余无毛；卷须略扁，旋卷。叶片纸质，近圆形，先端2裂达中部或更深裂，裂片卵形；基出脉9~11条。伞房总状花序顶生或与叶对生，具密集的花；花序梗长2.5~6厘米；花蕾卵形，被锈色短毛；花瓣白色，倒卵形，各瓣长度近相等，具长柄，边缘皱波状；能育雄蕊3枚，退化雄蕊5~7枚；子房无毛。荚果带形，不开裂。花期4~6月，果期7~9月。

生　　境：生于路边、山谷林下。常见。

观赏价值：叶较大，先端裂；花密集。可观叶、观花。

绿化用途：可用于庭园绿化、花境。

其　　他：在APG Ⅳ分类系统中置于豆科Fabaceae首冠藤属*Cheniella*，拉丁名为*Cheniella glauca* (Benth.) R. Clark & Mackinder。

香花鸡血藤 *Callerya dielsiana* (Harms) P. K. Loc ex Z. Wei & Pedley

鸡血藤属 *Callerya* Endl.

俗 名：灰毛崖豆藤、香花崖豆藤

识别要点：攀缘灌木，长 2~5 米。羽状复叶长 15~30 厘米；叶柄长 5~12 厘米；叶轴被稀疏柔毛，后秃净，腹面具沟；小叶 2 对，间隔 3~5 厘米，小叶片纸质，披针形、长圆形至狭长圆形。宽大的圆锥花序顶生，长可达 40 厘米；花冠紫红色。荚果线形至长圆柱形，长 7~12 厘米，宽 1.5~2 厘米，扁平，密被灰色茸毛。种子长圆柱状凸透镜形。花期 5~9 月，果期 6~11 月。

生　　境：生于山地杂木林下、灌木丛中。常见。

观赏价值：花多，花序较长。可观花。

绿化用途：可用于庭园绿化、花境。

其　　他：在 APG IV 分类系统中置于豆科 Fabaceae。

丰城鸡血藤 *Callerya nitida* var. *hirsutissima* (Z. Wei) X. Y. Zhu

鸡血藤属 *Callerya* Endl.

俗　　名：丰城崖豆藤

识别要点：攀缘灌木。小叶 5 片，小叶片硬纸质，卵形，腹面暗淡，背面密被红褐色硬毛；侧脉凹陷，网脉明显。圆锥花序顶生，粗壮，密被锈色茸毛，长 10~20 厘米；花单生，长 1.6~2.4 厘米；花冠青紫色；旗瓣长圆形，密被绢毛，近基部具 2 个胼胝体；翼瓣短而直，基部戟形；龙骨瓣镰刀形；雄蕊二体，正对旗瓣的 1 枚离生。荚果线状长圆柱形，密被黄褐色茸毛。花期 5~9 月，果期 7~11 月。

生　　境：生于路边灌木丛中。常见。

观赏价值：花美丽。可观花。

绿化用途：可用于庭园绿化、花境。

其　　他：在 APG Ⅳ 分类系统中置于豆科 Fabaceae。

厚果鱼藤 *Derris taiwaniana* (Hayata) Z. Q. Song

鱼藤属 *Derris* Lour.

俗　　名：厚果崖豆藤、毛蕊崖豆藤、冲天子、苦檀子、罗藤、厚果鸡血藤

识别要点：大型藤本植物，长可达15米。嫩枝褐色，密被黄色茸毛，后渐秃净；老枝黑色，无毛。羽状复叶长30~50厘米，小叶6~8对；小叶片草质，长圆状椭圆形至长圆状披针形。总状圆锥花序2~6个生于新枝下部，长15~30厘米，密被褐色茸毛；花2~5朵生于花序轴的节上；花冠淡紫色；旗瓣卵形，基部淡紫色；翼瓣长圆形；龙骨瓣基部截形；雄蕊单体。荚果深黄褐色，肿胀，长圆柱形。花期4~6月，果期6~11月。

生　　境：生于路边、林下。常见。

观赏价值：枝繁叶茂，花繁多。可观姿、观花。

绿化用途：可用于花境。

其　　他：在APG Ⅳ分类系统中置于豆科Fabaceae。

蝶形花科 Papilionaceae

假地豆 *Desmodium heterocarpon* (L.) DC.

山蚂蝗属 *Desmodium* Desv.

俗　　名：假花生、山土豆、山地豆、稗豆

识别要点：小灌木或亚灌木。茎直立或平卧，高30~150厘米，基部多分枝。羽状三出复叶，小叶3片；小叶片纸质，顶生小叶椭圆形、长椭圆形或宽倒卵形，侧生小叶通常较小，先端圆或钝，微凹，具短尖，边缘全缘；侧脉5~10对。总状花序顶生或腋生，长2.5~7厘米，花极密，2朵生于花序轴的节上；花冠紫红色、紫色或白色。荚果密集，狭长圆柱形，具4~7个荚节；荚节近方形。花期7~10月，果期10~11月。

生　　境：生于草地上、路边。常见。

观赏价值：花密集。可观花。

绿化用途：可用作地被植物，亦可用于花境。

其　　他：在APG Ⅳ分类系统中置于豆科Fabaceae假地豆属*Grona*，拉丁名为*Grona heterocarpos* (L.) H. Ohashi & K. Ohashi。

长波叶山蚂蝗 *Desmodium sequax* Wall.

山蚂蝗属　*Desmodium* Desv.

俗　　名：瓦子草、长波叶饿蚂蝗、棱叶山绿豆

识别要点：直立灌木，高 1~2 米。多分枝。羽状三出复叶，小叶 3 片；小叶片纸质，卵状椭圆形或圆菱形，顶生小叶长 4~10 厘米，宽 4~6 厘米，侧生小叶略小，边缘在中部以上呈波状；侧脉通常 4~7 对，网脉隆起。总状花序顶生或腋生，顶生者通常分枝成圆锥花序；花通常 2 朵生于花序轴的节上；花冠紫色，长约 8 毫米；旗瓣椭圆形至宽椭圆形，先端微凹；翼瓣狭椭圆形，具瓣柄和耳；龙骨瓣具长瓣柄，微具耳；雄蕊单体。荚果因腹背缝线缢缩而呈念珠状，具 6~10 个荚节；荚节近方形。花期 7~9 月，果期 9~11 月。

生　　境：生于路边、林缘。常见。

观赏价值：分枝多；叶繁茂，叶缘波状；花多而美丽。可观姿、观花。

绿化用途：可用于花境。

其　　他：在 APG Ⅳ 分类系统中置于豆科 Fabaceae 瓦子草属 *Puhuaea*，拉丁名为 *Puhuaea sequax* (Wall.) H. Ohashi & K. Ohashi。

蝶形花科　Papilionaceae

庭藤 *Indigofera decora* Lindl.

木蓝属 *Indigofera* L.

识别要点：灌木，高 0.4~2 米。羽状复叶长 8~25 厘米；小叶 3~7（11）对，对生或近对生，稀互生或基部的互生；小叶形态变化甚大，通常卵状披针形、卵状长圆形或长圆状披针形。总状花序长 13~21（32）厘米；花冠淡紫色或粉红色，稀白色；旗瓣椭圆形；龙骨瓣与翼瓣近等长；花药卵球形，顶部具小突尖，两端均被毛；子房无毛。荚果棕褐色，圆柱形，长 2.5~6.5（8）厘米，内果皮具紫色斑点。种子 7~8 粒，椭球形。花期 4~6 月，果期 6~10 月。

生　　境：生于路边、林下。常见。

观赏价值：株形展开，小叶多而绿，花美丽。可观姿、观花。

绿化用途：可用于花境。

其　　他：在 APG Ⅳ 分类系统中置于豆科 Fabaceae。

美丽胡枝子 *Lespedeza thunbergii* subsp. *formosa* (Vogel) H. Ohashi

胡枝子属 *Lespedeza* Michx.

俗　　名：红花羊牯爪、火烧豆、把天门

识别要点：直立灌木，高1~2米。多分枝。羽状复叶具3片小叶；小叶片椭圆形、长圆状椭圆形或卵形，稀倒卵形，两端稍尖或稍钝，腹面绿色，背面淡绿色，贴生短柔毛。总状花序单一，腋生，比叶长，或构成顶生的圆锥花序；花冠红紫色，长10~15毫米；旗瓣近圆形或稍长，先端圆；翼瓣倒卵状长圆形，短于旗瓣和龙骨瓣；龙骨瓣比旗瓣稍长，在开花时明显长于旗瓣。荚果倒卵形或倒卵状长圆柱形，长约8毫米，宽约4毫米，表面具网纹且疏被柔毛。花期7~9月，果期9~10月。

生　　境：生于路边、林缘。常见。

观赏价值：花美丽。可观花。

绿化用途：可用于花境。

其　　他：在APG Ⅳ分类系统中置于豆科Fabaceae。

蝶形花科　Papilionaceae

大叶黄杨　*Buxus megistophylla* Lévl.

黄杨属　*Buxus* L.

识别要点：灌木或小乔木，高 0.6~2 米。小枝四棱柱形。叶片革质或薄革质，卵形、椭圆状或长圆状披针形至披针形，长 4~8 厘米，宽 1.5~3 厘米，先端渐尖，尖头钝或锐，基部楔形或急尖，边缘反卷，腹面有光泽。花序腋生；雄花 8~10 朵，外萼片阔卵形，内萼片圆形，不育雌蕊高约 1 毫米；雌花萼片卵状椭圆形，子房长 2~2.5 毫米，花柱直立。蒴果近球形，长 6~7 毫米；宿存花柱长约 5 毫米，斜向外挺出。花期 3~4 月，果期 6~7 月。

生　　境：生于路边、密林下。常见。

观赏价值：株形展开，叶色亮绿，果期宿存花柱似凳子。可观姿、观叶、观果。

绿化用途：可用于庭园绿化。

钝叶楼梯草　*Elatostema obtusum* Wedd.
楼梯草属　*Elatostema* J. R. Forst. & G. Forst.

荨麻科　Urticaceae

识别要点：草本。茎平卧或渐升，长10~40厘米，分枝或不分枝，被反曲的短糙毛。叶无柄或具极短柄；叶片草质，斜倒卵形或斜倒卵状椭圆形，长0.5~1.5（3）厘米，宽0.4~1.2（1.6）厘米，先端钝，基部在狭侧楔形，在宽侧心形或近耳形，边缘在狭侧上部具1~2枚钝齿，在宽侧中部以上或上部具2~4枚钝齿；基出脉3条。花雌雄异株；雄花序具梗，具3~7朵花；雌花序无梗，生于茎上部叶腋，具1（2）朵花，花被不明显。瘦果狭卵球形，稍扁，长2~2.2毫米，光滑。花期6~9月。

生　　境：生于林下、山顶路边。常见。

观赏价值：叶小而深绿。可观叶。

绿化用途：可用作林下地被植物，亦可盆栽。

冬青　*Ilex chinensis* Sims

冬青属　*Ilex* L.

俗　　名：狗牙茶、烫药

识别要点：常绿乔木，高可达13米。枝叶无毛。叶片薄革质至革质，椭圆形或披针形，长5~11厘米，宽2~4厘米，先端渐尖，基部楔形或钝，边缘具圆齿或有时在幼叶为齿，腹面绿色，有光泽。雄花序具3~4个分枝，每分枝具7~24朵花，花淡紫色或紫红色，4~5基数，花冠辐状，花瓣卵形，开花时反折，基部稍合生，雄蕊短于花瓣；雌花序具1~2个分枝，具3~7朵花，花萼和花瓣与雄花的相同，退化雄蕊长约为花瓣长的1/2，子房卵球形。果椭球形，熟时红色。花期4~6月，果期7~12月。

生　　境：生于路边、林缘。少见。

观赏价值：株形高大，枝繁叶茂，叶色亮绿，花多而密，果红色。可观姿、观花、观果。

绿化用途：可用于通道绿化、庭园绿化、村屯绿化。

绿冬青　*Ilex viridis* Champ. ex Benth.

冬青属　*Ilex* L.

俗　　名：亮叶冬青、细叶三花冬青

识别要点：常绿灌木或小乔木，高 1~5 米。叶片革质，倒卵形、倒卵状椭圆形或阔椭圆形，先端钝，急尖或短渐尖，基部钝或楔形，边缘具细圆齿，齿尖常脱落成钝头，腹面绿色，有光泽，背面淡绿色。雄花 1~5 朵排成聚伞花序，单生于当年生枝的鳞片腋内或下部叶腋内，或簇生于去年生枝的叶腋内；花白色，4 基数，花瓣倒卵形或圆形，雄蕊 4 枚，长约为花瓣长的 2/3，花药长圆柱形；雌花单生于当年生枝的叶腋内，花瓣 4 片，卵形，退化雄蕊长约为花瓣长的 1/3，子房卵球形。果球形或略扁球形，熟时黑色。花期 5 月，果期 10~11 月。

生　　境：生于路边。常见。

观赏价值：枝繁叶茂；叶色绿，有光泽；花小巧。可观姿、观花。

绿化用途：可用于通道绿化、庭园绿化、村屯绿化。

裂果卫矛　*Euonymus dielsianus* Loes. ex Diels

卫矛属　*Euonymus* L.

俗　　名：全育卫矛、宽蕊卫矛

识别要点：灌木或小乔木，高 1~7 米。叶片革质，窄长椭圆形或长倒卵形，长 4~12 厘米，宽 2~4.5 厘米，先端渐尖或短长尖，边缘近全缘，少具疏浅小齿。聚伞花序具 1~7 朵花；花序梗长可达 1.5 厘米；花 4 基数，直径约 5 毫米，黄绿色；花瓣长圆形，边缘稍浅齿状；花盘近方形；雄蕊花丝极短，生于花盘角上。蒴果 4 深裂，裂瓣卵状。种子长圆柱形，假种皮橘红色。花期 6~7 月，果期 10 月左右。

生　　境：生于林下、路边。少见。

观赏价值：株形展开，叶色亮绿，花小而可爱。可观姿、观花。

绿化用途：可用于庭园绿化。

异叶地锦　*Parthenocissus dalzielii* Gagnep.
地锦属　*Parthenocissus* Planch.

俗　　名：异叶爬山虎、草叶藤、上树蛇、白花藤子

识别要点：木质藤本植物。卷须 5~8 回总状分歧，在茎上相隔 2 节间断与叶对生；卷须顶端嫩时膨大呈圆珠形，后遇附着物扩大呈吸盘状。叶二型，生于短枝上的叶常具 3 片小叶，较小的单叶常生于长枝上；单叶者叶片卵圆形，先端急尖或渐尖，基部心形或微心形；3 片小叶者中央小叶长椭圆形，侧生小叶卵圆形。多歧聚伞花序假顶生于短枝顶端，基部具分枝，主轴不明显；花瓣 4 片，倒卵状椭圆形；雄蕊 5 枚，花盘不明显，子房近球形。果近球形，熟时紫黑色。花期 5~7 月，果期 7~11 月。

生　　境：生于陡壁上、山谷林下、岩石上。常见。

观赏价值：叶多而密。可观叶。

绿化用途：可用于垂直绿化、荒山绿化。

臭节草 *Boenninghausenia albiflora* (Hook.) Reichb. ex Meisn.

石椒草属 *Boenninghausenia* Rchb. ex Meisn.

芸香科 Rutaceae

俗　　名：松风草、生风草、小黄药、白虎草、石胡椒、松气草、老蛇骚、蛇皮草、蛇根草、蛇盘草、臭虫草、断根草、烫伤草

识别要点：常绿草本。分枝甚多，嫩枝的髓部大而空心。叶片薄纸质，小叶片倒卵形、菱形或椭圆形，背面灰绿色，老叶常变褐红色。花序具花甚多，花枝纤细；花瓣白色，有时先端桃红色，长圆形或倒卵状长圆形，长6~9毫米，具透明油点；8枚雄蕊长短相间；子房绿色，基部具细柄。分果爿长约5毫米，每分果爿具种子4粒。种子肾形，黑褐色，表面具细瘤状突起。花果期7~11月。

生　　境：生于路边、林下。常见。

观赏价值：分枝多；2~3回三出复叶；花枝纤细，花较多。可观姿、观花。

绿化用途：可用于花境。

110

紫果槭 *Acer cordatum* Pax

槭属 *Acer* L.

俗　　名：紫槭、小紫槭

识别要点：常绿乔木，高约7米。小枝细瘦，无毛。叶片纸质或近革质，卵状长圆形，稀卵形，先端渐尖，基部近心形，腹面深褐绿色，光滑，背面淡褐绿色；主脉及侧脉共4~5对；叶柄紫色或淡紫色。花3~5朵排成长4~5厘米的伞房花序，花序梗细瘦，淡紫色；萼片5枚，紫色；花瓣5片，淡白色或淡黄白色；雄蕊8枚，和花瓣近等长；子房无毛。翅果嫩时紫色，熟时黄褐色；小坚果突起；翅宽约1厘米，连同小坚果共长约2厘米，张开成钝角或近水平。花期4月下旬，果期9月。

生　　境：生于山谷林中。少见。

观赏价值：小枝细瘦；叶深褐绿色，秋季变色。可观姿、观叶。

绿化用途：可用于通道绿化、庭园绿化、村屯绿化。

其　　他：在APG Ⅳ分类系统中置于无患子科 Sapindaceae。

槭树科 Aceraceae

岭南槭 *Acer tutcheri* Duthie

槭属 *Acer* L.

俗　　名：岭南槭树

识别要点：落叶乔木，高 5~10 米。叶片纸质，阔卵形，基部圆形或近截形，常 3 裂，稀 5 裂，裂片三角状卵形，稀卵状长圆形，先端锐尖，腹面深绿色，背面淡绿色。花杂性，雄花与两性花同株，常生成短圆锥花序，顶生于着叶的小枝上，叶长大后花才开放；萼片 4 枚，黄绿色，卵状长圆形；花瓣 4 片，淡黄白色，倒卵形；雄蕊 8 枚，花丝无毛；花盘微裂，位于雄蕊外侧；子房密被白色疏柔毛。翅果嫩时淡红色，熟时淡黄色；翅宽 8~10 毫米，连同小坚果共长 2~2.5 厘米，张开成钝角；小坚果突起。花期 4 月，果期 9 月。

生　　境：生于林中、林缘、路边。常见。

观赏价值：株形优美，枝繁叶茂；叶色深绿；翅果嫩时淡红色，熟时淡黄色，挂于枝头。可观姿、观叶、观果。

绿化用途：可用于通道绿化、庭园绿化、村屯绿化。

其　　他：在 APG Ⅳ 分类系统中置于无患子科 Sapindaceae。

樟叶泡花树　*Meliosma squamulata* Hance

泡花树属　*Meliosma* Blume

俗　　名：绿樟、饼汁树、野木棉、秤先树

识别要点：小乔木，高可达 15 米。单叶，具纤细而长的叶柄；叶片薄革质，椭圆形或卵形，先端尾状渐尖或狭条状渐尖，基部楔形，边缘全缘，腹面无毛，有光泽；侧脉 3~5 对。圆锥花序顶生或腋生，单生或 2~8 个聚生，长 7~20 厘米；花白色，直径约 3 毫米；萼片 5 枚；外面 3 片花瓣近圆形，内面 2 片花瓣约与花丝等长；雌蕊长约 2 毫米，子房无毛，与花柱近等长。核果球形。花期夏季，果期 9~10 月。

生　　境：生于林中。常见。

观赏价值：小乔木，枝条展开，叶色深绿而有光泽，花白色而繁多。可观姿、观花。

绿化用途：可用于通道绿化、庭园绿化、村屯绿化。

清风藤科　Sabiaceae

野鸦椿 *Euscaphis japonica* (Thunb.) Dippel

野鸦椿属 *Euscaphis* Sieb. et Zucc.

俗　　名：鸡肾蚵、酒药花、山海椒、红椋、鸡眼睛

识别要点：落叶小乔木或灌木，高2~8米。枝叶被揉碎后有恶臭气味。奇数羽状复叶对生，长（8）12~32厘米；小叶5~9片，稀少至3片、多至11片，小叶片厚纸质，长卵形或椭圆形。圆锥花序顶生，花序梗长可达21厘米；花多数，较密集，黄白色，每朵花发育为1~3个蓇葖果。蓇葖果长1~2厘米；果皮软革质，紫红色，具纵脉纹。种子近球形，直径约5毫米；假种皮肉质，黑色，有光泽。花期5~6月，果期8~9月。

生　　境：生于山地林下。常见。

观赏价值：株形展开；奇数羽状复叶大型，小叶较多而色绿；果熟时红色，状若鸡胗。可观姿、观果。

绿化用途：可用于通道绿化、庭园绿化、村屯绿化。

香港四照花　*Cornus hongkongensis* Hemsley
山茱萸属　*Cornus* L.

俗　　名：山荔枝

识别要点：常绿乔木或灌木，高可达 20 米。叶对生；叶片革质或厚革质，椭圆形至长椭圆形，腹面深绿色，有光泽；侧脉（3）4 对。头状花序球形，由 50~70 朵花聚集而成；总苞片 4 枚，白色，宽椭圆形至倒卵状宽椭圆形，长 2.8~4 厘米，宽 1.7~3.5 厘米。果序球形，直径约 2.5 厘米，熟时黄色或红色。花期 5~6 月，果期 11~12 月。

生　　境：生于湿润山谷的密林下和混交林下。常见。

观赏价值：株形优美，枝繁叶茂；花多，白色总苞片美丽；果熟时红色。可观姿、观花、观果。

绿化用途：可用于通道绿化、庭园绿化、村屯绿化。

小花八角枫　*Alangium faberi* Oliv.

八角枫属　*Alangium* Lam.

俗　　名：西南八角枫

识别要点：落叶灌木，高 1~4 米。叶片薄纸质至膜质，不裂或掌状三裂，不分裂者矩圆形或披针形，通常长 7~12 厘米，稀达 19 厘米，先端渐尖或尾状渐尖，基部倾斜，近圆形或心形，腹面绿色，背面淡绿色。聚伞花序短而纤细，长 2~2.5 厘米，被淡黄色粗伏毛，具 5~10 朵花；花瓣 5~6 片，线形，开花时向外反卷；雄蕊 5~6 枚，与花瓣近等长；花盘近球形；子房 1 室。核果近卵球形或卵状椭球形，幼时绿色，熟时淡紫色，顶部具宿存萼裂片。花期 6 月，果期 9 月。

生　　境：生于山谷林下。少见。

观赏价值：株形优美，叶大而色绿，花小而密，果熟时淡紫色。可观姿、观花、观果。

绿化用途：可用于林下灌木层造景、花境。

其　　他：在 APG Ⅳ 分类系统中置于山茱萸科 Cornaceae。

卵叶水芹　*Oenanthe javanica* subsp. *rosthornii* (Diels) F. T. Pu
水芹属　*Oenanthe* L.

识别要点：多年生草本，高 50~70 厘米。茎下部匍匐，上部直立，粗壮。叶片广三角形或卵形，长 7~15 厘米，宽 8~12 厘米，末回裂片菱状卵形或长圆形。复伞形花序顶生或侧生，花序梗长 16~20 厘米；伞辐 10~24 条，不等长；小伞形花序具 30 余朵花；花瓣白色，倒卵形，长 1~1.5 毫米，宽 0.7~0.8 毫米。果椭球形或长圆柱形，侧棱较背棱和中棱隆起。花期 8~9 月，果期 10~11 月。

生　　境：生于湿润草地上、路边。常见。

观赏价值：植株粗壮；叶色绿而密；复伞形花序较大，花小而密。可观姿、观花。

绿化用途：可用于湿地修复、湿生环境造景。

云南桤叶树 *Clethra delavayi* Franch.

桤叶树属　*Clethra* Gronov. ex L.

俗　　名：贵定桤叶树、滇西山柳

识别要点：落叶灌木或小乔木，高 4~5 米。叶片硬纸质，倒卵状长圆形或长椭圆形，长 7~23 厘米，宽 3.5~9 厘米，腹面深绿色，最初密被短硬毛，其后毛逐渐稀疏或近无毛，背面淡绿色，最初密被星状柔毛，其后毛逐渐稀疏或仅沿中脉和侧脉被长伏毛。总状花序单生于枝顶，长 17~27 厘米，花序轴和花梗均密被锈色星状毛及成簇微硬毛，有时杂有单硬毛；萼片 5 深裂；花瓣 5 片，长圆状倒卵形；雄蕊 10 枚，短于花瓣，子房密被锈色绢状长硬毛。蒴果近球形，下弯，具宿存花柱。花期 7~8 月，果期 9~10 月。

生　　境：生于山顶灌木丛中。常见。

观赏价值：枝繁叶茂；花多，花序长。可观姿、观花。

绿化用途：可用于较高海拔地区的荒山绿化、造景。

齿缘吊钟花　*Enkianthus serrulatus* (Wils.) Schneid.

吊钟花属　*Enkianthus* Lour.

俗　　名：黄叶吊钟花、野支子、莫铁硝、山枝仁、九节筋、四川吊钟花、毛脉吊钟花

识别要点：落叶灌木或小乔木，高 2.6~6 米。叶密生于枝顶；叶片厚纸质，长圆形或长卵形，先端短渐尖或渐尖，基部宽楔形或钝圆，边缘具细齿，不反卷，腹面无毛或中脉被微柔毛；中脉、侧脉及网脉在叶片两面均明显。伞形花序顶生，具 2~6 朵花，花下垂；花梗在果期直立，变粗壮；花萼绿色；花冠钟状，白绿色，花冠筒口部 5 浅裂，花冠裂片反卷；雄蕊 10 枚，花丝白色，下部宽扁并被白色柔毛，子房圆柱形。蒴果椭球形，长约 1 厘米，具棱，顶部具宿存花柱。花期 4 月，果期 5~7 月。

生　　境：生于林下、山顶路边灌木丛中。常见。

观赏价值：花白绿色，花冠钟形下垂，似漂亮可爱的小钟。可观花。

绿化用途：可用于高海拔地区的荒山绿化、花境。

杜鹃花科　Ericaceae

多花杜鹃　*Rhododendron cavaleriei* Levl.

杜鹃花属　*Rhododendron* L.

俗　　名：羊角杜鹃

识别要点：常绿灌木，高 2~3（8）米。叶片革质，披针形或倒披针形，先端渐尖，具短尖头，基部楔形或狭楔形，边缘微反卷，腹面深绿色，有光泽，无毛；中脉在腹面下凹，在背面明显突起，侧脉和细脉在两面均不明显。伞形花序生于枝顶叶腋，具 10~15（17）朵花；花梗长 2.5~4 厘米，密被灰色短柔毛；萼裂片不明显；花冠白色至蔷薇色，狭漏斗形，5 深裂，花冠裂片长圆状披针形，具条纹，花冠筒狭圆筒状；雄蕊 10 枚，花柱比雄蕊长，长可达 4.5 厘米，伸出花冠外。蒴果圆柱形，密被褐色短柔毛。花期 4~5 月，果期 6~11 月。

生　　境：生于山谷疏林下。常见。

观赏价值：株形展开，叶繁茂，花多而美丽。可观姿、观花。

绿化用途：可用于庭园绿化、花境。

刺毛杜鹃　*Rhododendron championiae* Hooker
杜鹃花属　*Rhododendron* L.

俗　　名：太平杜鹃

识别要点：常绿灌木，高 2~5 米。叶片厚纸质，长圆状披针形，长可达 17.5 厘米，宽 2~5 厘米，腹面深绿色，疏被短刚毛，背面苍白色，密被刚毛和短柔毛；叶柄密被腺头刚毛和短柔毛。花芽长圆状锥形，外面及边缘被短柔毛；伞形花序生于枝顶叶腋，具 2~7 朵花；花梗长可达 2 厘米，密被腺头刚毛和短硬毛；花冠白色或淡红色，狭漏斗形，5 深裂；雄蕊 10 枚，不等长，比花冠短，花柱比雄蕊长，伸出花冠外。蒴果圆柱形，长可达 5.5 厘米，微弯曲，具 6 条纵沟，密被腺头刚毛和短柔毛。花期 4~5 月，果期 5~11 月。

生　　境：生于山谷疏林下。常见。

观赏价值：株形展开，叶繁茂，花多而美丽。可观姿、观花。

绿化用途：可用于庭园绿化、花境。

杜鹃花科　Ericaceae

大橙杜鹃 *Rhododendron dachengense* G. Z. Li

杜鹃花属 *Rhododendron* L.

识别要点：常绿灌木，高 2~3 米。枝暗灰色，具明显的叶柄脱落痕迹，当年生枝密被茸毛。叶片革质，椭圆状长圆形，腹面深绿色，背面密被分支的锈色毡毛。短总状伞形花序顶生，具 4~7 朵花；花冠淡紫红色或白色，钟状，5~7 裂，花冠裂片半圆形，上方的中裂片内面具淡红色斑点；雄蕊 10~13 枚，不等长，花丝白色，下部 1/3 被白色微柔毛；子房圆锥形，密被锈色茸毛；花柱无毛，柱头头状。花期 5 月。

生　　境：生于山顶灌木丛中、石崖上。常见。

观赏价值：株形展开，枝繁叶茂，叶色深绿，花多而美丽。可观姿、观花。

绿化用途：可用于高海拔地区的荒山绿化、造景。

云锦杜鹃 *Rhododendron fortunei* Lindl.

杜鹃花属 *Rhododendron* L.

俗　　名：天目杜鹃

识别要点：常绿灌木或小乔木，高3~12米。叶片厚革质，长圆形至长圆状椭圆形，长8~14.5厘米，宽3~9.2厘米，先端钝至近圆形，基部圆形或截形，稀近浅心形，腹面深绿色，有光泽，背面淡绿色；侧脉14~16对。顶生总状伞形花序疏松，具6~12朵花；花芳香；花萼小；花冠漏斗状钟形，长4.5~5.2厘米，宽5~5.5厘米，粉红色，外面具稀疏腺体，花冠裂片7枚，阔卵形，先端圆或波状；雄蕊14枚，不等长；子房圆锥形。蒴果长圆柱状卵形至长圆柱状椭球形，直或微弯曲，长2.5~3.5厘米。花期4~5月，果期8~10月。

生　　境：生于山顶灌木丛中。常见。

观赏价值：株形展开；叶厚革质，深绿色，有光泽；花大而美丽。可观姿、观花。

绿化用途：可用于高海拔地区的荒山绿化、造景。

杜鹃花科　Ericaceae

贵定杜鹃 *Rhododendron fuchsiifolium* Levl.

杜鹃花属　*Rhododendron* L.

俗　　名：细花杜鹃、陈氏杜鹃、宿柱杜鹃、龙山杜鹃、小花杜鹃、黏芽杜鹃

识别要点：小灌木。叶集生于枝顶；叶片纸质，卵形或椭圆状卵形，疏被糙伏毛，腹面深绿色，背面淡绿色；侧脉 4~6 对。花芽卵形，鳞片阔卵形；伞形花序顶生，具 3~4 朵花；花萼小，萼裂片 5 枚；花冠漏斗形，淡蔷薇色，花冠裂片 5 枚，长圆形；雄蕊 5 枚，近等长，伸出花冠外；子房卵球形，密被棕褐色糙伏毛。蒴果卵球形，密被棕褐色糙伏毛。花期 5~6 月，果期 8~9 月。

生　　境：生于路边、林下、山顶灌木丛中。常见。

观赏价值：花小而密，花色美丽。可观花。

绿化用途：可用于通道绿化、庭园绿化。

弯蒴杜鹃　*Rhododendron henryi* Hance
杜鹃花属　*Rhododendron* L.

俗　　名：罗浮杜鹃

识别要点：常绿灌木，高3~5米。叶常集生于枝顶，近轮生；叶片革质，椭圆状卵形或长圆状披针形，边缘微反卷，无毛，腹面绿色，有光泽，背面灰白绿色，仅中脉上被刚毛，其余无毛；叶柄被刚毛或腺头刚毛。伞形花序生于枝顶叶腋，具3~5朵花；花梗长1.2~1.6厘米，密被腺头刚毛；花冠淡紫色或粉红色，漏斗状钟形，5裂，花冠裂片展开，长圆状倒卵形，花冠筒向上逐渐扩大；雄蕊10枚，比花冠短；子房圆柱形。蒴果圆柱形，长3~5厘米，具中肋，微弯曲。花期3~4月，果期7~12月。

生　　境：生于山谷林下。少见。

观赏价值：花美丽。可观花。

绿化用途：可用于庭园绿化。

头巾马银花 *Rhododendron mitriforme* Tam

杜鹃花属　*Rhododendron* L.

俗　　名：头巾杜鹃、兴安马银花

识别要点：灌木或小乔木，高可达 7 米。叶片革质，椭圆状长圆形，稀倒卵状长圆形，长 4~8（11）厘米，宽 2~3 厘米，先端渐尖或斜锐尖呈尾状，基部阔楔形或近圆形，边缘全缘，腹面深绿色，背面淡绿色；侧脉 10~12 对。花单生；萼裂片 5 枚；花冠淡紫色至白色，近辐状或阔漏斗形，花冠筒内面基部密被柔毛，花冠裂片 5 枚，上方裂片内面具紫色斑点；雄蕊 5 枚，不等长；子房卵球形。蒴果单生于枝顶叶腋，卵球形；宿存萼大型，头巾状。果期 9~10 月。

生　　境：生于疏林下、灌木丛中。常见。

观赏价值：花美丽。可观花。

绿化用途：可用于庭园绿化、花境。

毛棉杜鹃　*Rhododendron moulmainense* Hook. f.
杜鹃花属　*Rhododendron* L.

俗　　　名：丝线吊芙蓉、白杜鹃、六角杜鹃

识别要点：灌木或小乔木，高 2~4（8）米。叶集生于枝顶，近轮生；叶片厚革质，长圆状披针形或椭圆状披针形，边缘反卷，腹面深绿色，背面淡黄白色或苍白色，两面均无毛。伞形花序生于枝顶叶腋，每个花序具 3~5 朵花；花梗长 1~2 厘米，无毛；花冠淡紫色、粉红色或淡红白色，狭漏斗形，5 深裂，花冠裂片匙形或长倒卵形，先端浑圆或微突起，花冠筒向上扩大；雄蕊 10 枚，不等长，略比花冠短，花丝扁平，中部以下被银白色糠皮状柔毛；子房长圆柱形。蒴果圆柱形，顶部渐尖，具宿存花柱。花期 4~5 月，果期 7~12 月。

生　　　境：生于路边灌木丛中、山地林下、山顶灌木丛中。从山谷到山顶都有分布。常见。

观赏价值：花多而美丽。可观花。

绿化用途：可用于庭园绿化、花境。

杜鹃花科　Ericaceae

广东杜鹃　*Rhododendron rivulare* var. *kwangtungense* (Merr. & Chun) X. F. Jin & B. Y. Ding

杜鹃花属　*Rhododendron* L.

俗　　名：素馨杜鹃

识别要点：落叶灌木，高可达 3 米。叶片革质，披针形或椭圆状披针形，腹面深绿色，无毛或沿中脉被刚毛，背面苍白色，散生刚毛，中脉上刚毛尤多；侧脉 5~7 对。顶生伞形花序具多朵花；花梗被锈色毛；花萼小，不明显分裂，萼裂片三角形，边缘被锈色刚毛；花冠漏斗形，紫红色，长约 2 厘米，5 裂；雄蕊 5 枚，伸出花冠外，花丝无毛；子房密被长刚毛，花柱无毛。蒴果长圆柱形，长约 1 厘米，被刚毛。

生　　境：生于林下、路边灌木丛中。常见。

观赏价值：株形展开，枝繁叶茂，花多而密。可观姿、观花。

绿化用途：可用于庭园绿化、花境。

杜鹃 *Rhododendron simsii* Planch.

杜鹃花属　*Rhododendron* L.

俗　　名：杜鹃花、山踯躅、唐杜鹃、照山红、映山红、山石榴

识别要点：落叶灌木，高约2（5）米。叶常集生于枝顶；叶片革质，卵形、椭圆状卵形、倒卵形至倒披针形，腹面深绿色，疏被糙伏毛，背面白色，密被褐色糙伏毛。花2~3（6）朵簇生于枝顶；花梗长约8毫米，密被亮棕褐色糙伏毛；花萼5深裂；花冠阔漏斗形，玫红色、鲜红色或暗红色，长3.5~4厘米，宽1.5~2厘米，花冠裂片5枚，倒卵形，上方裂片具深红色斑点；雄蕊10枚，约与花冠等长，花丝线形，中部以下被微柔毛；子房卵球形。蒴果卵球形。花期4~5月，果期6~8月。

生　　境：生于林下、山顶灌木丛中。常见。

观赏价值：花多而艳丽。可观花。

绿化用途：可用于花境。

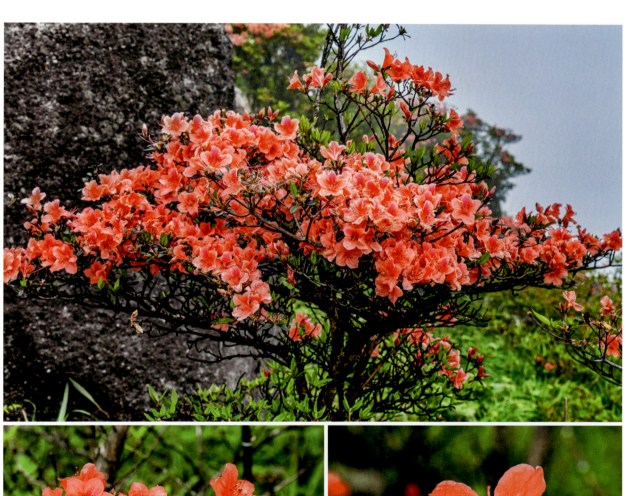

大罗伞树　Ardisia hanceana Mez
紫金牛属　Ardisia Sw.

俗　　名：郎伞树、郎伞木

识别要点：灌木。茎通常粗壮，除侧生特殊花枝外，无分枝。叶片坚纸质或略厚，椭圆形或长圆状披针形，边缘近全缘或具反卷的疏突尖齿，齿尖具边缘腺点，两面均无毛；侧脉12~18对。复伞房状伞形花序生于侧生特殊花枝顶端；花瓣白色或带紫色，卵形；雄蕊、雌蕊与花瓣等长；子房卵球形，无毛。果球形，深红色，腺点不明显。花期5~6月，果期11~12月。

生　　境：生于林下、路边。常见。

观赏价值：株形优美，叶长而色绿，花密集，果熟时红色。可观姿、观花、观果。

绿化用途：可用于庭园绿化。

其　　他：在APG Ⅳ分类系统中置于报春花科 Primulaceae。

心叶紫金牛　*Ardisia maclurei* Merr.
紫金牛属　*Ardisia* Sw.

俗　　　名：红云草

识别要点：近草质亚灌木或小灌木。具葡匐茎；直立茎高 4~15 厘米，幼时密被锈色长柔毛，后无毛。叶互生，稀近轮生；叶片坚纸质，长圆状椭圆形或椭圆状倒卵形，先端急尖或钝，基部心形，两面均疏被柔毛。亚伞形花序 1~2 个近顶生，具 3~6 朵花；花瓣淡紫色或红色，卵形；雄蕊较花瓣略短；雌蕊与花瓣近等长，子房球形。果球形，暗红色。花期 5~6 月，果期 12 月至翌年 1 月，稀至翌年 3 月。

生　　　境：生于山谷林下湿润处。少见。

观赏价值：叶色亮绿，花瓣淡紫色或红色，果红色。可观叶、观花、观果。

绿化用途：可用作林下地被植物，亦可用于花坛，还可盆栽。

其　　　他：在 APG Ⅳ 分类系统中置于报春花科 Primulaceae。

紫金牛科　Myrsinaceae

虎舌红　*Ardisia mamillata* Hance

紫金牛属　*Ardisia* Sw.

俗　　名：红毛毡

识别要点：矮小灌木。具匍匐的木质根茎，幼时密被锈色卷曲长柔毛，后无毛或近无毛。叶互生或簇生于茎顶端；叶片坚纸质，倒卵形至长圆状倒披针形，长 7~14 厘米，宽 3~4（5）厘米，边缘具不明显疏圆齿。伞形花序单生于侧生特殊花枝顶端；花瓣粉红色或近白色。果球形，直径约 6 毫米，鲜红色，多少具腺点。花期 6~7 月，果期 11 月至翌年 1 月，有时可至翌年 6 月。

生　　境：生于山谷密林下阴湿处。常见。

观赏价值：株形矮小，叶绿色或暗红色，花小巧，果红色。可观姿、观叶、观花、观果。

绿化用途：可用于花境，亦可盆栽。

其　　他：在 APG Ⅳ 分类系统中置于报春花科 Primulaceae。

莲座紫金牛　　*Ardisia primulifolia* Gardner & Champion
紫金牛属　　*Ardisia* Sw.

俗　　　名：落地紫金牛、猫耳朵、老虎脚、毛虫药

识别要点：矮小灌木或近草本。具短茎或近无茎。叶互生或基生呈莲座状；叶片长圆状倒卵形，被卷曲的锈色长柔毛，两面有时紫红色。聚伞花序或亚伞形花序单一从莲座叶腋抽出；萼片仅基部连合；花瓣粉红色，广卵形，具腺点；雄蕊与雌蕊均较花瓣略短；子房球形。果球形，鲜红色，疏具腺点。花期6~7月，果期11~12月，有时在翌年4~5月。

生　　　境：生于林下阴湿处。常见。

观赏价值：叶基生，呈莲座状，被长柔毛；果红色。可观叶、观果。

绿化用途：可用作林下地被植物，亦可用于花坛，还可盆栽。

其　　　他：在APG Ⅳ分类系统中置于报春花科 Primulaceae。

紫金牛科　Myrsinaceae

赤杨叶 *Alniphyllum fortunei* (Hemsl.) Makino

赤杨叶属 *Alniphyllum* Matsum.

俗　　名：拟赤杨、白苍木、白花盏、水冬瓜、福氏赤杨叶

识别要点：乔木，高 15~20 米。树干通直。叶片嫩时膜质，椭圆形、宽椭圆形或倒卵状椭圆形，边缘疏具硬齿，两面均疏生至密被褐色星状短柔毛或星状茸毛，有时脱落变为无毛；侧脉 7~12 对。总状花序或圆锥花序顶生或腋生，具 10~20 朵花；花序梗和花梗均密被褐色或灰色星状短柔毛；花白色或粉红色，长 1.5~2 厘米，花冠裂片长椭圆形，先端钝圆，两面均密被灰黄色星状细茸毛；雄蕊 10 枚；子房密被黄色长茸毛。果长圆柱形或长椭球形，熟时 5 片裂。花期 4~7 月，果期 8~10 月。

生　　境：生于密林中。常见。

观赏价值：株形高大，树干通直，枝繁叶茂；花多，开花时一树白花。可观姿、观花。

绿化用途：可用于通道绿化、庭园绿化、村屯绿化。

陀螺果　*Melliodendron xylocarpum* Hand.-Mazz.
陀螺果属　*Melliodendron* Hand.-Mazz.

俗　　名：鸦头梨、冬瓜木、水冬瓜、鸭头梨

识别要点：乔木，高 6~20 米。叶片纸质，卵状披针形、椭圆形至长椭圆形，边缘具细齿，嫩时两面均密被星状短柔毛，尤以背面被毛较密，后除叶脉外无毛；侧脉 7~9 对。花白色；花梗初时短，后可伸长达 2 厘米；花冠裂片长圆形，长 20~30 毫米，宽 8~15 毫米，先端钝，两面均密被细茸毛；雄蕊长约 10 毫米；花柱长可达 13 毫米。果形状和大小变化较大，常倒卵形、倒圆锥形或倒卵状梨形，顶部短尖或凸尖，中部以下收狭，有时柄状，外面密被星状茸毛，具 5~10 条棱或脊。花期 4~5 月，果期 7~10 月。

生　　境：生于林中。常见。

观赏价值：株形展开，枝繁叶茂；花先叶开放，开花时一树白花，洁白典雅；果形奇特，似陀螺。可观姿、观花、观果。

绿化用途：可用于通道绿化、庭园绿化、村屯绿化。

安息香科　Styracaceae

白花龙　*Styrax faberi* Perk.

安息香属　*Styrax* L.

俗　　名：响铃子、梦童子、扣子柴、棉子树、扫酒树、白龙条

识别要点：灌木，高 1~2 米。叶互生；叶片纸质，椭圆形、倒卵形或长圆状披针形，边缘具细齿；侧脉 5~6 对。总状花序顶生，具 3~5 朵花，花枝下部常单花腋生；花白色，开花后花梗常向下弯曲；小苞片钻形；花萼杯状；花冠裂片膜质，披针形或长圆形，外面密被白色星状短柔毛，边缘狭内折或有时同一花中 1~2 枚裂片边缘一边内折，另一边平坦；雄蕊长 9~15 毫米，花丝下部连合成管，花柱较花冠长。果倒卵形或近球形，外面密被灰色星状短柔毛。花期 4~6 月，果期 8~10 月。

生　　境：生于灌木丛中。少见。

观赏价值：枝繁叶茂，花白色。可观姿、观花。

绿化用途：可用于庭园绿化、花境。

皱果安息香　*Styrax rhytidocarpus* W. Yang & X. L. Yu

安息香属　*Styrax* L.

识别要点：落叶灌木或小乔木，高可达 7 米。叶互生；叶片纸质，椭圆形或椭圆状长圆形，先端渐尖至尾状，基部楔形，边缘具浅齿，腹面沿脉疏生毛，背面无毛；侧脉 5~7 对。总状花序顶生，长 4~11 厘米，具 4~9 朵花（有时 2~3 朵花聚于叶腋）；小苞片钻形；花萼杯状；花冠白色，花冠裂片长圆状卵形，覆瓦状排列；雄蕊 10 枚，等长，花丝弯曲；子房上位。核果圆锥状卵球形，肉质，外面具皱纹，被黄鳞屑，顶部具喙；宿存萼碗状，具深皱纹。种子 1（3）粒，卵形，种皮具瘤和脊。花期 4~5 月，果期 5~10 月。

生　　境：生于路边、山地林下。常见。

观赏价值：株形展开，枝繁叶茂；花白色，可爱，有淡淡香气。可观姿、观花。

绿化用途：可用于通道绿化、庭园绿化、村屯绿化。

白檀 *Symplocos paniculata* (Thunb.) Miq.

山矾属 *Symplocos* Jacq.

俗　　名：日本白檀、土常山、乌子树、碎米子树、十里香

识别要点：落叶灌木或小乔木。叶片膜质或薄纸质，阔倒卵形、椭圆状倒卵形或卵形，边缘具细尖齿，腹面无毛或被柔毛，背面通常被柔毛或仅脉上被柔毛。圆锥花序长5~8厘米，通常被柔毛；苞片早落；萼筒褐色；花冠白色，5深裂近达基部；雄蕊40~60枚，子房2室。核果卵球形，稍偏斜，长5~8毫米，熟时蓝色，顶部宿存萼裂片直立。

生　　境：生于路边、林缘。少见。

观赏价值：株形展开，枝繁叶茂；花多而密。可观姿、观花。

绿化用途：可用于通道绿化、庭园绿化、村屯绿化。

山矾 *Symplocos sumuntia* Buch.-Ham. ex D. Don
山矾属 *Symplocos* Jacq.

识别要点：乔木。叶片薄革质，卵形、狭倒卵形、倒披针状椭圆形，先端常尾状渐尖，基部楔形或圆形，边缘具浅齿或波状齿，有时近全缘；侧脉4~6对。总状花序长2.5~4厘米；苞片早落，小苞片与苞片同形；萼筒倒圆锥形；花冠白色，5深裂近达基部；雄蕊25~35枚，花丝基部稍合生；花盘环状；子房3室。核果卵状坛形，顶部宿存萼裂片直立或有时脱落。花期2~3月，果期6~7月。

生　　境：生于路边、林中、山顶林缘。常见。生于高海拔地区者花淡紫色。

观赏价值：枝繁叶茂，花多而密。可观姿、观花。

绿化用途：可用于通道绿化、庭园绿化、村屯绿化。

黄牛奶树　*Symplocos theophrastifolia* Siebold et Zucc.

山矾属　*Symplocos* Jacq.

俗　　名：散风木、苦山矾、花香木

识别要点：乔木。叶片革质，倒卵状椭圆形或狭椭圆形，边缘具细小齿；中脉在腹面凹陷，侧脉很细，5~7 对；叶柄长 1~1.5 厘米。穗状花序长 3~6 厘米，基部通常分枝；苞片和小苞片外面均被柔毛，边缘具腺点，苞片阔卵形，小苞片长约 1 毫米；花萼长约 2 毫米；花冠白色，5 深裂近达基部；雄蕊约 30 枚；花柱粗壮，子房 3 室；花盘环状。核果球形，顶部宿存萼裂片直立。花期 8~12 月，果期翌年 3~6 月。

生　　境：生于路边、林缘、疏林中。常见。

观赏价值：花繁茂，果蓝黑色。可观花、观果。

绿化用途：可用于通道绿化、庭园绿化、村屯绿化。

醉鱼草　*Buddleja lindleyana* Fort.
醉鱼草属　*Buddleja* L.

俗　　名：痒见消、鱼尾草、毒鱼草

识别要点：灌木，高1~3米。幼枝、叶片背面、叶柄、花序、苞片及小苞片均密被星状短茸毛和腺毛。小枝具4条棱，棱上略具窄翅。叶对生；叶片膜质，卵形、椭圆形至长圆状披针形，长3~11厘米，宽1~5厘米，边缘全缘或具波状齿。穗状聚伞花序顶生，长4~40厘米，宽2~4厘米；花紫色，芳香。蒴果长圆柱形或椭球形，长5~6毫米，直径1.5~2毫米，无毛。种子淡褐色，小，无翅。花期4~10月，果期8月至翌年4月。

生　　境：生于路边、溪边、林缘。常见。

观赏价值：花密集，花序较长。可观花。

绿化用途：可用于花境。

其　　他：在APG Ⅳ分类系统中置于玄参科 Scrophulariaceae。

马钱科　Loganiaceae

苦枥木 *Fraxinus insularis* Hemsl.

梣属 *Fraxinus* L.

俗　　名：大叶白蜡树、齿缘苦枥木

识别要点：落叶大乔木，高 20~30 米。羽状复叶长 10~30 厘米，小叶（3）5~7 片；小叶片嫩时纸质，后期硬纸质或革质，长圆形或椭圆状披针形，顶生小叶与侧生小叶近等大，边缘具浅齿或中部以下近全缘，两面均无毛，腹面深绿色，背面白色。圆锥花序生于当年生枝顶端，顶生及侧生于叶腋，长 20~30 厘米，分枝细长，多花；花先叶开放，花芳香；花萼钟状；花冠白色，花冠裂片匙形；雄蕊伸出花冠外；花柱与柱头近等长，柱头 2 裂。翅果长匙形，长 2~4 厘米，宽 3.5~4（5）毫米，红色至褐色。花期 4~5 月，果期 7~9 月。

生　　境：生于山谷林中。常见。

观赏价值：株形高大，枝繁叶茂；花多且芳香。可观姿、观花。

绿化用途：可用于通道绿化、庭园绿化、村屯绿化。

木樨科 Oleaceae

华女贞 *Ligustrum lianum* P. S. Hsu

女贞属 *Ligustrum* L.

俗　　　名：李氏女贞

识别要点：常绿灌木或小乔木，高 0.6~7 米。叶片革质，椭圆形、长圆状椭圆形、卵状长圆形或卵状披针形，边缘反卷，腹面深绿色，背面淡绿色；侧脉 4~8 对。圆锥花序顶生，长 4~12 厘米，宽 2~11 厘米；花萼具微小波状齿；花冠白色，花冠裂片长圆形；花药与花丝近等长；花柱纤细。果椭球形或近球形，黑色、黑褐色或红褐色。花期 4~6 月，果期 7 月至翌年 4 月。

生　　　境：生于路边、山谷林下。常见。

观赏价值：株形展开，叶色深绿，花多而密。可观姿、观花。

绿化用途：可用于通道绿化、庭园绿化、村屯绿化。

木樨科 Oleaceae

大花帘子藤 *Pottsia grandiflora* Markgr.

帘子藤属 *Pottsia* Hook. & Arn.

俗　　名：乳汁藤

识别要点：攀缘灌木，长可达 5 米。具乳汁。叶片薄纸质，卵圆形至椭圆状卵圆形或椭圆形，稀长圆形，两面均无毛，腹面深绿色，背面浅绿色。花多朵组成总状聚伞花序，顶生或腋生，长可达 18.5 厘米；花蕾圆筒形，上部膨大，圆锥形；花萼小；花冠紫红色或粉红色，花冠筒圆筒形，花冠裂片基部向右覆盖，开花时裂片向下反折，倒卵形，比花冠筒长；雄蕊着生在花冠喉部，花药箭头形，伸出花冠喉外；子房无毛，由 2 个离生心皮组成。蓇葖果双生，线状长圆柱形，长可达 25 厘米。花期 4~8 月，果期 8~12 月。

生　　境：生于路边灌木丛中、林缘。常见。

观赏价值：叶色深绿；花序长，花紫红色或粉红色。可观姿、观花。

绿化用途：可用于花境，可作绿篱。

心叶醉魂藤　　*Heterostemma siamicum* Craib

醉魂藤属　　*Heterostemma* Wight & Arn.

识别要点：木质藤本植物。具乳汁。叶片纸质，长圆形、卵状长圆形至卵状圆形，长4~15厘米，宽1.5~10厘米，先端急尖，基部心形或浅心形，逐渐呈圆形，两面均无毛；基出脉5条，侧脉3~4对；叶柄顶端具丛生小腺体。伞形聚伞花序腋生，花多朵；萼裂片宽披针形；花冠淡黄色，花冠裂片卵状披针形至长圆状披针形；副花冠裂片披针形，平展在花冠上，基部具增厚的附属体。蓇葖果双生，长圆柱状披针形。花期6月，果期10~11月。

生　　境：生于山地疏林下。常见。

观赏价值：叶色亮绿，花小巧奇特。可观叶、观花。

绿化用途：可用于花境，可作绿篱。

其　　他：在APG Ⅳ分类系统中置于夹竹桃科Apocynaceae。

萝藦科　Asclepiadaceae

云南黑鳗藤 *Jasminanthes saxatilis* (Tsiang & P. T. Li) W. D. Stevens & P. T. Li

黑鳗藤属 *Jasminanthes* Blume

识别要点：藤状灌木。枝纤细。叶片薄纸质，椭圆形至长圆状披针形，长 5.5~10 厘米，宽 1~3.5 厘米，两面均无毛；中脉和侧脉在腹面扁平，在背面突起；侧脉 7 对；叶柄顶端丛生 5~8 个腺体。伞形聚伞花序生于叶柄之间，长可达叶长的 1/2，约具 12 朵花；萼裂片长卵形；花冠淡绿色，高脚碟状，花冠筒圆筒形，基部膨大，花冠裂片长圆状镰刀形；雄蕊的副花冠 5 枚，花药近四方形，花粉块每室 1 个，长圆柱形，直立；心皮离生，子房无毛，花柱短，柱头头状，顶部不明显 2 裂。花期 5 月。

生　　境：生于林下。少见。

观赏价值：叶色深绿，花娇俏可爱。可观叶、观花。

绿化用途：可用于花境，可作绿篱。

其　　他：在 APG IV 分类系统中置于夹竹桃科 Apocynaceae。

水团花 *Adina pilulifera* (Lam.) Franch. ex Drake

水团花属　*Adina* Salisb.

茜草科　Rubiaceae

俗　　名：水杨梅、假马烟树

识别要点：常绿灌木至小乔木，高可达5米。叶对生；叶片厚纸质，椭圆形至椭圆状披针形，有时倒卵状长圆形至倒卵状披针形，腹面无毛，背面无毛或有时被稀疏短柔毛；侧脉6~12对。头状花序明显腋生，极稀顶生，花序梗单生，不分枝；萼筒基部被毛，萼裂片线状长圆形或匙形；花冠白色，窄漏斗形；雄蕊5枚，花丝短；子房2室，花柱伸出，柱头小，球形或卵球形。果序直径8~10毫米；小蒴果楔形。花期6~7月。

生　　境：生于溪边、山谷疏林下。常见。

观赏价值：株形展开，枝繁叶茂；花序球形，柱头伸出。可观姿、观花。

绿化用途：可用于湿生环境造景、通道绿化、庭园绿化、村屯绿化。

茜树 *Aidia cochinchinensis* Lour.

茜树属 *Aidia* Lour.

俗　　名：山黄皮、茜草树

识别要点：灌木或乔木，高2~15米。叶对生；叶片革质或纸质，椭圆状长圆形、长圆状披针形或狭椭圆形，两面均无毛，腹面稍有光泽；侧脉5~10对；托叶披针形，无毛，脱落。聚伞花序与叶对生或生于无叶的节上，多花；花萼无毛，萼筒杯状，檐部扩大，顶部4裂；花冠黄色或白色，有时红色，喉部密被淡黄色长柔毛，花冠裂片4枚，长圆形，开花时反折；花药和柱头均伸出。浆果球形。花期3~6月，果期5月至翌年2月。

生　　境：生于山谷溪边的灌木丛中、疏林下。常见。

观赏价值：株形展开；叶色亮绿，嫩叶红色；花多而密。可观姿、观叶、观花。

绿化用途：可用于通道绿化、庭园绿化、村屯绿化。

华南粗叶木　*Lasianthus austrosinensis* H. S. Lo
粗叶木属　*Lasianthus* Jack

识别要点：灌木，高 1~2 米。叶对生；叶片纸质，卵形，边缘全缘，常被缘毛，背面中脉、侧脉和小脉上均被贴伏短硬毛；侧脉常 5 对。花无梗或具短梗，常 1~3 朵腋生，无苞片和小苞片；花萼密被硬毛，萼筒近陀螺形；花冠白色，近管状，外面密被多细胞长硬毛，内面中部以上被多细胞长柔毛，花冠裂片 5 枚，三角形；雄蕊 5 枚，生于花冠喉部，花丝短，花药长且微露出；花柱与花药等高，柱头 5 裂。核果近球形，顶部具宿存萼裂片，被硬毛。花果期 5~8 月。

生　　境：生于路边、林缘。常见。

观赏价值：花白色，果蓝色。可观花、观果。

绿化用途：可用于通道绿化、庭园绿化、村屯绿化。

茜草科　Rubiaceae

大叶白纸扇　*Mussaenda shikokiana* Makino

玉叶金花属　*Mussaenda* L.

俗　　名：黐花

识别要点：直立或攀缘灌木，高1~3米。叶对生；叶片薄纸质，广卵形或广椭圆形，长10~20厘米，宽5~10厘米，腹面淡绿色，背面浅灰色；侧脉约9对。聚伞花序顶生，具花序梗，花疏散；萼裂片近叶状，白色，披针形，长渐尖或短尖；花叶倒卵形，短渐尖，长3~4厘米；花冠黄色，花冠筒长1.4厘米，上部略膨大，花冠裂片卵形；雄蕊生于花冠筒中部，花药内藏；花柱无毛，柱头2裂，略伸出花冠外。浆果近球形，直径约1厘米。花期5~7月，果期7~10月。

生　　境：生于路边、林缘。常见。

观赏价值：植株可直立，株形开展；叶大而色绿；花叶大，白色。可观姿、观叶。

绿化用途：可用于通道绿化、庭园绿化、村屯绿化。

日本蛇根草　*Ophiorrhiza japonica* Bl.

蛇根草属　*Ophiorrhiza* L.

俗　　名：蛇根草、散血草、猪菜、变黑蛇根草

识别要点：草本，高可达40厘米。茎下部匍匐，生不定根，上部直立。叶片纸质，卵形、椭圆状卵形或披针形，有时狭披针形，通常两面均光滑无毛。花序顶生，具多朵花；花二型，有长柱花和短柱花之分；两种花型的花萼和花冠一致，花萼近无毛或被短柔毛，萼筒近陀螺形，具5条棱；花冠白色或粉红色，近漏斗形，喉部扩大，内面被短柔毛，花冠裂片5枚，三角状卵形；长柱花雄蕊5枚，生于花冠筒中部之下，花柱长9~11毫米；短柱花雄蕊生于花冠喉部下方，花柱长约3毫米。蒴果近僧帽形，近无毛。花期冬春季，果期春夏季。

生　　境：生于路边、密林下湿润处。常见。

观赏价值：株形小巧，花美丽。可观花。

绿化用途：可用作林下地被植物，亦可用于花坛。

茜草科　Rubiaceae

短小蛇根草　*Ophiorrhiza pumila* Champ. ex Benth.

蛇根草属　*Ophiorrhiza* L.

茜草科　Rubiaceae

俗　　名：小蛇根草、溪畔蛇根草、琼崖蛇根草

识别要点：矮小草本，通常高10余厘米，有时可达30厘米。茎和分枝均稍肉质。叶片纸质、卵形、披针形、椭圆形或长圆形，长2~5.5厘米，宽1~2.5厘米；侧脉5~8对，纤细。花序顶生，多花，花序梗长约1厘米，和螺状的分枝均被短柔毛；花一型，花柱等长；花萼小，被短硬毛，具5条直棱，萼裂片近三角形；花冠白色，近管状，花冠筒基部稍膨胀，内面喉部具一环白色长毛，花冠裂片卵状三角形；雄蕊生于花冠筒中部；花柱被硬毛，柱头2裂。蒴果僧帽形或略呈倒心形。花期早春。

生　　境：生于路边、密林下阴湿处。常见。

观赏价值：株形小巧，花小而美。可观花。

绿化用途：可用作林下地被植物，亦可用于花坛。

香港大沙叶 *Pavetta hongkongensis* Bremek.
大沙叶属 *Pavetta* L.

俗　　名：满天星、茜木

识别要点：灌木或小乔木，高 1~4 米。叶对生；叶片膜质，长圆形至椭圆状倒卵形，长 8~15 厘米，宽 3~6.5 厘米；侧脉约 7 对，在腹面平坦，在背面突起；托叶阔卵状三角形，长约 3 毫米。花序生于侧枝顶端，多花，长 7~9 厘米，宽 7~15 厘米；萼筒钟状，萼檐扩大，顶部不明显 4 裂，萼裂片三角形；花冠白色，花冠筒长约 15 毫米或更长；花丝极短，花药突出，线形且花开时部分旋扭；花柱长约 35 毫米，柱头棒形。果球形，直径约 6 毫米。花期 3~4 月。

生　　境：生于沟边灌木丛中。常见。

观赏价值：株形展开；叶大，深绿色；花密集，花序大。可观姿、观花。

绿化用途：可用于通道绿化、庭园绿化、村屯绿化。

菰腺忍冬　*Lonicera hypoglauca* Miq.

忍冬属　*Lonicera* L.

俗　　　名：腺背银花、山银花、大叶金银花、毛金银花、大银花、红腺忍冬、净花菰腺忍冬

识别要点：落叶藤本植物。幼枝、叶柄、叶两面中脉及花序梗均密被上端弯曲的淡黄褐色短柔毛，有时还被糙毛。叶片纸质，卵形至卵状矩圆形，长 6~9（11.5）厘米，背面有时粉绿色，具无柄或具极短柄的黄色至橘红色蘑菇形腺。双花单生至多朵花集生于侧生短枝上，或于小枝顶排成总状；花冠白色，有时具淡红晕，后变黄色，长 3.5~4 厘米，檐部二唇形，花冠筒比唇瓣稍长，常具无柄或具短柄的腺；雄蕊与花柱均稍伸出，无毛。果熟时黑色，近球形。花期 4~5（6）月，果期 10~11 月。

生　　　境：生于路边灌木丛中。常见。

观赏价值：叶纸质，柔软；花多而美丽。可观姿、观花。

绿化用途：可用于庭园绿化、花境。

荚蒾 *Viburnum dilatatum* Thunb.
荚蒾属 *Viburnum* L.

忍冬科 Caprifoliaceae

俗　　　名：短柄荚蒾、庐山荚蒾

识别要点：落叶灌木，高1.5~3米。叶片纸质，宽倒卵形、倒卵形、宽卵形，长3~10(13)厘米，边缘具齿，腹面被叉状或简单伏毛，背面被黄色叉状或簇状毛，脉上毛尤密。复伞形聚伞花序稠密，生于具1对叶的短枝顶端，直径4~10厘米；花序梗长1~2(3)厘米，第一级辐射枝5条，花生于第三级至第四级辐射枝上；花萼和花冠外面均被簇状糙毛；花冠白色，辐状，花冠裂片卵圆形；雄蕊明显高出花冠，花药小，乳白色，宽椭球形；花柱高出萼裂片。果红色，椭圆状卵球形。花期5~6月，果期9~11月。

生　　　境：生于山地疏林下、林缘、路边灌木丛中。常见。

观赏价值：花繁茂，果红色。可观花、观果。

绿化用途：可用于花境。

其　　　他：在APG Ⅳ分类系统中置于荚蒾科 Viburnaceae。

忍冬科 Caprifoliaceae

南方荚蒾　*Viburnum fordiae* Hance

荚蒾属　*Viburnum* L.

俗　　名：东南荚蒾、火柴子树

识别要点：灌木或小乔木。幼枝、芽、叶柄、花序、花萼和花冠外面均被由暗黄色或黄褐色簇状毛组成的茸毛。叶片纸质至厚纸质，宽卵形或菱状卵形；侧脉 5~7（9）对。复伞形聚伞花序顶生或生于具 1 对叶的侧生小枝顶端，直径 3~8 厘米；第一级辐射枝通常 5 条，花生于第三级至第四级辐射枝上；萼筒倒圆锥形，萼裂片钝三角形；花冠白色，辐状，花冠裂片卵形；雄蕊与花冠等长或略高出花冠，花药小，近球形；花柱高出萼裂片，柱头头状。果红色，卵球形。花期 4~5 月，果期 10~11 月。

生　　境：生于山地、林缘、路边灌木丛中。常见。

观赏价值：花繁茂，果红色。可观花、观果。

绿化用途：可用于花境。

其　　他：在 APG IV 分类系统中置于荚蒾科 Viburnaceae。

蝶花荚蒾　*Viburnum hanceanum* Maxim.

荚蒾属　*Viburnum* L.

识别要点：灌木，高可达 2 米。当年生小枝、叶柄和花序梗均被由黄褐色或铁锈色簇状毛组成的茸毛；去年生小枝疏被毛或无毛，散生突起的浅色皮孔。叶片纸质，卵圆形、近圆形或椭圆形，长 4~8 厘米，先端圆形而微突出，基部圆形至宽楔形；侧脉 5~7（9）对。伞形聚伞花序直径 5~7 厘米，外围具 2~5 朵白色、大型的不育花；不育花直径 2~3 厘米，花冠不整齐 4~5 裂；能育花花冠黄白色；雄蕊与花冠近等长。果红色，稍扁，卵球形。花期 4~5 月，果期 8~9 月。

生　　境：生于山谷溪边、灌木丛中。少见。

观赏价值：花多，不育花大；果红色。可观花、观果。

绿化用途：可用于花境。

其　　他：在 APG IV 分类系统中置于荚蒾科 Viburnaceae。

忍冬科　Caprifoliaceae

珊瑚树　*Viburnum odoratissimum* Ker.-Gawl.

荚蒾属　*Viburnum* L.

俗　　名：早禾树、极香荚蒾

识别要点：常绿灌木或小乔木。叶片革质，椭圆形至矩圆形或矩圆状倒卵形至倒卵形，有时近圆形，长7~20厘米，边缘上部具不规则浅波状齿或近全缘，腹面深绿色，有光泽。圆锥花序顶生或生于侧生短枝上，宽尖塔形；花芳香，通常生于花序轴的第二级至第三级分枝上；萼筒筒状钟形，萼檐碟形，萼裂片宽三角形；花冠白色，后变黄白色，有时微红，辐状，花冠裂片反折，卵圆形，先端圆；雄蕊略高出花冠裂片，花药黄色，椭球形；柱头头状，不高出萼齿。果先红色后黑色。花期4~5月（有时不定期开花），果期7~9月。

生　　境：生于山谷林下、路边、平地灌木丛中。常见。

观赏价值：株形展开；叶大型，深绿色，有光泽；花白而密；果红色。可观姿、观花、观果。

绿化用途：可用于通道绿化、庭园绿化、村屯绿化。

其　　他：在APG Ⅳ分类系统中置于荚蒾科 Viburnaceae。

常绿荚蒾　*Viburnum sempervirens* K. Koch

荚蒾属　*Viburnum* L.

俗　　名：坚荚树

识别要点：常绿灌木。叶片革质，椭圆形至椭圆状卵形，腹面有光泽，背面具微细褐色腺点；侧脉 3~4（5）对。复伞形聚伞花序顶生，直径 3~5 厘米，具红褐色腺点，第一级辐射枝（4）5 条，中间者最短，花生于第三级至第四级辐射枝上；萼筒倒圆锥形，萼裂片宽卵形，比萼筒短；花冠白色，辐状，宽约 4 毫米，花冠裂片近圆形，约与花冠筒等长；雄蕊稍高出花冠，花药宽椭球形；花柱稍高出萼裂片。果红色，卵球形。花期 5 月，果期 10~12 月。

生　　境：生于林缘、山谷疏林下、路边灌木丛中。常见。

观赏价值：株形展开；叶革质，深绿色，有光泽；花白而小；果红艳可爱。可观姿、观花、观果。

绿化用途：可用于通道绿化、庭园绿化、村屯绿化。

其　　他：在 APG Ⅳ 分类系统中置于荚蒾科 Viburnaceae。

茶荚蒾 *Viburnum setigerum* Hance

荚蒾属 *Viburnum* L.

俗　　名：饭汤子、沟核茶荚蒾、鸡公柴、糯米树

识别要点：落叶灌木。叶片纸质，卵状矩圆形至卵状披针形，稀卵形或椭圆状卵形，边缘除基部外疏生尖齿；侧脉6~8对，笔直而近并行，伸至齿端，在腹面略凹陷，在背面明显突起。复伞形聚伞花序无毛或稍被长伏毛，具极小的红褐色腺点，第一级辐射枝通常5条，花生于第三级辐射枝上；花具梗或无梗，芳香；萼筒无毛和腺点，萼裂片卵形；花冠白色，干后茶褐色或黑褐色，辐状，花冠裂片卵形，比花冠筒长；雄蕊与花冠近等长，花药球形；花柱不高出萼裂片。果序弯垂；果红色，卵球形。花期4~5月，果期9~10月。

生　　境：生于山顶灌木丛中。常见。

观赏价值：株形展开；叶纸质，绿色，叶脉笔直而近并行；花多而美丽；果红色。可观姿、观花、观果。

绿化用途：可用于通道绿化、庭园绿化、村屯绿化。

其　　他：在APG Ⅳ分类系统中置于荚蒾科 Viburnaceae。

珠光香青　*Anaphalis margaritacea* (L.) Benth. et Hook. f.

香青属　*Anaphalis* DC.

俗　　名：山荻

识别要点：多年生草本，高 30~60 厘米，稀可达 100 厘米。茎直立或斜升，单生或少数丛生，被灰白色绵毛。下部叶在花期常枯萎，叶片线形或线状披针形，多少抱茎；全部叶片稍革质，腹面被蛛丝状毛，背面被灰白色至红褐色厚绵毛；具单一主脉或 3~5 条基出脉。头状花序多数，在茎和枝顶排成复伞房状；总苞阔钟状或半球形；总苞片 5~7 层，基部多少褐色，上部白色；雌株头状花序外围具多层雌花，中央具 3~20 朵雄花；雄株头状花序全部为雄花或外围具极少数雌花。瘦果长椭球形，长约 0.7 毫米，具小腺点。花果期 8~11 月。

生　　境：生于山顶灌木丛中、林缘。常见。

观赏价值：花序美丽。可观花。

绿化用途：可用于花境。

菊科　Asteraceae

三脉紫菀　*Aster ageratoides* Turcz.

紫菀属　*Aster* L.

菊科　Asteraceae

俗　　名：野白菊花、山白菊、山雪花、白升麻、三脉叶马兰

识别要点：多年生草本，高40~100厘米。茎直立。下部叶在花期枯落，叶片宽卵圆形，基部急狭成长柄；中部叶椭圆形或长圆状披针形，边缘具3~7对齿；上部叶渐小，边缘具浅齿或全缘；全部叶片纸质，腹面被短糙毛，背面浅色，被短柔毛，常具腺点；具离基三出脉，侧脉3~4对，网脉常明显。头状花序直径1.5~2厘米，排成伞房状或圆锥伞房状；总苞倒圆锥形或半球形；总苞片3层，覆瓦状排列，下部近革质或干膜质，上部绿色或紫褐色；舌状花10余朵，舌片线状长圆形，紫色、浅红色或白色；管状花黄色。瘦果倒卵状长圆柱形，被短粗毛。花果期7~12月。

生　　境：生于路边、林缘、灌木丛中。常见。

观赏价值：花序密集，舌片紫色、浅红色或白色。可观花。

绿化用途：可用于花境。

微糙三脉紫菀 *Aster ageratoides* var. *scaberulus* (Miq.) Ling.

紫菀属 *Aster* L.

俗　　名：鸡耳肠、野粉团儿

识别要点：多年生草本，高40~100厘米。根茎粗壮。茎直立。与三脉紫菀的区别在于：叶片通常卵圆形或卵圆状披针形，边缘具6~9对浅齿，基部渐狭或急狭成具狭翅或无翅的短柄，质地较厚，腹面密被微糙毛，背面密被短柔毛，具明显的腺点，沿脉常被长柔毛，或老后毛脱落；总苞较大，长6~10毫米，宽5~7毫米；总苞片上部绿色；舌状花白色或带红色。花果期7~12月。

生　　境：生于路边、林缘、灌木丛中。常见。

观赏价值：花序密集，舌片白色。可观花。

绿化用途：可用于花境。

马兰　*Aster indicus* L.

紫菀属　*Aster* L.

俗　　名：路边菊、田边菊、蓑衣莲

识别要点：多年生草本，高 30~70 厘米。茎直立，上部被短毛，从上部或下部起有分枝。基生叶在花期枯萎；茎生叶叶片倒披针形或倒卵状矩圆形，长 3~6 厘米，稀可达 10 厘米，宽 0.8~2 厘米，稀可达 5 厘米，边缘在中部以上具小尖头的钝齿、尖齿或羽状裂片。头状花序单生于枝顶或排成疏伞房状；舌片浅紫色。瘦果倒卵状椭球形，极扁。花期 5~9 月，果期 8~10 月。

生　　境：生于路边、林缘。常见。

观赏价值：花序密集，舌片浅紫色。可观花。

绿化用途：可用于花境。

黄瓜菜 *Paraixeris denticulata* (Houtt.) Nakai
黄瓜菜属 *Paraixeris* Naka

俗　　名：秋苦荬菜、羽裂黄瓜菜、黄瓜假还阳参

识别要点：一年生或二年生草本，高 30~120 厘米。主根垂直生长，生多数侧根。茎单生，直立。基生叶及下部茎生叶在花期枯萎脱落；中下部茎生叶叶片卵形、琴状卵形、椭圆形、长椭圆形或披针形，不分裂，基部稍扩大，耳状抱茎；上部及最上部茎生叶与中下部茎生叶同形，但渐小。头状花序多数，在茎枝顶端排成伞房花序或伞房圆锥花序，具 15 朵舌状花；总苞圆筒形；舌状花黄色。瘦果长椭球形，压扁，黑色或黑褐色；冠毛白色。花果期 5~11 月。

生　　境：生于路边、灌木丛中。常见。

观赏价值：花序密集，舌片黄色。可观花。

绿化用途：可用于花境。

其　　他：在 APG Ⅳ 分类系统中置于假还阳参属 *Crepidiastrum*，拉丁名为 *Crepidiastrum denticulatum* (Houttuyn) Pak & Kawano。

山蟛蜞菊　*Wedelia urticifolia* DC.

蟛蜞菊属　*Wedelia* Jacq.

俗　　名：麻叶蟛蜞菊

识别要点：草本，直立或斜升，有时呈攀缘状。茎圆柱形，节间长。叶片卵形或卵状披针形，边缘具不规则的齿或重齿；近基出脉3条，常具1~3对侧脉，网脉通常明显。头状花序少数，直径2~2.5厘米，每2个生于叶腋或单生于枝顶；总苞阔钟状或半球形；舌状花黄色，舌片卵状长圆形，先端2齿裂；管状花多数，黄色。瘦果倒卵形，背腹略扁；冠毛短刺芒状，不等长。花期7~11月。

生　　境：生于路边。常见。

观赏价值：舌片黄色。可观花。

绿化用途：可用作地被植物，亦可用于花境。

其　　他：在APG Ⅳ分类系统中置于山蟛蜞菊属 *Indocypraea*，拉丁名为 *Indocypraea montana* (Blume) Orchard。

罗星草　*Canscora andrographioides* Griffith ex C. B. Clarke
穿心草属　*Canscora* Lam.

俗　　　名：四方香草

识别要点：一年生草本，高 20~40 厘米。全株光滑无毛。茎直立，绿色，近四棱柱形，多分枝。叶无柄；叶片卵状披针形，愈向茎上部叶愈小；叶脉细，3~5 条。聚伞花序或复聚伞花序呈假二叉分枝状，顶生或腋生；花萼筒状，浅裂，萼筒膜质；花冠白色，花冠筒筒状，花冠裂片平展，椭圆形或矩圆状匙形；雄蕊生于花冠筒上部，不整齐，1 枚发育；子房无柄，圆柱形。蒴果内藏，无柄，膜质，椭球形。花果期 9~10 月。

生　　　境：生于路边、山谷林下。常见。

观赏价值：花白色，小巧可爱。可观花。

绿化用途：可用于花坛，亦可盆栽。

龙胆科　Gentianaceae

福建蔓龙胆　*Crawfurdia pricei* (Marq.) H. Smith

蔓龙胆属　*Crawfurdia* Wall.

识别要点：多年生缠绕草本。茎圆柱形，上部螺旋状扭转，节间长 4~21 厘米。茎生叶叶片卵形、卵状披针形或披针形，稀宽卵形；基出脉 3~5 条。聚伞花序具 2 朵至多朵花，腋生或顶生，稀单花腋生；花序梗长可达 15 厘米；花梗长 1~9 厘米；花萼筒状，萼筒不开裂；花冠粉红色、白色或淡紫色，钟状，上部展开，长约 4 厘米，花冠裂片宽卵状三角形、褶截形或半圆形，先端微波状；雄蕊生于花冠筒中下部；子房纺锤形，两端渐狭，花柱短，柱头 2 裂。蒴果淡褐色，椭球形，扁平。花果期 10~12 月。

生　　境：生于山顶灌木丛中、林下。常见。

观赏价值：花较大而秀丽，花冠粉色。可观花。

绿化用途：可用于花境。

五岭龙胆　*Gentiana davidii* Franch.

龙胆属　　*Gentiana* (Tourn.) L.

俗　　　名：吊兰龙胆、九头青、簇花龙胆、落地荷花

识别要点：多年生草本。花枝多数，丛生，斜升。莲座丛叶长 3~9 厘米；茎生叶多对，愈向茎上部叶愈大、柄愈短；叶片线状披针形或椭圆状披针形；基出脉 1~3 条，在两面均明显。花多数，簇生于枝顶呈头状，被包于最上部的苞叶状的叶丛中；花萼狭倒圆锥形，萼筒膜质，萼裂片绿色；花冠蓝色，无斑点和条纹，狭漏斗形，长 2.5~4 厘米，花冠裂片卵状三角形，边缘全缘或边缘具不明显波状齿；雄蕊生于花冠筒下部，整齐；子房线状椭圆形，花柱线形，柱头 2 裂。蒴果内藏或外露，狭椭球形或卵状椭球形。花果期（6）8~11 月。

生　　　境：生于山顶路边、灌木丛中。常见。

观赏价值：分枝多；叶密集；花多数，簇生于枝顶呈头状，花蓝色。可观姿、观花。

绿化用途：可用于花坛、花境，亦可盆栽。

华南龙胆 *Gentiana loureiroi* (G. Don) Grisebach

龙胆属　　*Gentiana* (Tourn.) L.

俗　　　名：紫花地丁

识别要点：多年生矮小草本，高 3~8 厘米。茎少数丛生，少分枝，紫红色，密被乳突。基生叶莲座状；叶片椭圆形，少数倒卵状匙形。花单生于花梗顶端，花梗紫红色；花萼钟状，萼裂片披针形或线状三角形；花冠蓝紫色、紫色或鲜蓝色，漏斗形，花冠裂片卵形，褶整齐，边缘具不明显细齿；雄蕊生于花冠筒中下部，整齐，花药线形；子房椭球形，两端渐狭，花柱线形，柱头 2 裂。蒴果倒卵球形，常外漏，顶部圆形并具宽翅，两侧边缘具渐窄的翅。

生　　　境：生于山顶草地上、灌木丛中。常见。

观赏价值：植株矮小；叶密集，叶色深绿；花蓝色，娇俏美丽。可观姿、观花。

绿化用途：可用作地被植物，亦可用于花坛，还可盆栽。

香港双蝴蝶 *Tripterospermum nienkui* (Marq.) C. J. Wu

双蝴蝶属 *Tripterospermum* Blume

识别要点：多年生缠绕草本。基生叶丛生，叶片卵形，背面有时紫色；茎生叶叶片卵形或卵状披针形，基部抱茎；基出脉 3~5 条。花单生于叶腋或 2~3 朵排成聚伞花序；小苞片 1~4 对，披针形或卵形；花萼钟状，萼筒长，外面沿脉具翅，萼裂片披针形，向外倾斜展开或直立，先端尖，基部下延成翅；花冠紫色、蓝色或绿色，带紫斑，狭钟状，长 4~5 厘米，花冠裂片卵状三角形，褶三角状卵形，先端啮蚀状或微波状；雄蕊生于花冠筒下半部，子房椭圆形。浆果紫红色，内藏，近球形至短椭球形，稍扁，两端圆形或平截。花果期 9 月至翌年 1 月。

生　　境：生于路边、林下、山顶灌木丛中。常见。

观赏价值：花紫色、蓝色或绿色，带紫斑。可观花。

绿化用途：可用于花境。

龙胆科 Gentianaceae

矮桃 *Lysimachia clethroides* Duby

珍珠菜属 *Lysimachia* L.

俗　　名：珍珠草、调经草、尾脊草

识别要点：多年生草本。根茎横走；地上茎直立，高40~100厘米，不分枝。叶互生；叶片长椭圆形或阔披针形，两面均散生黑色粒状腺点。总状花序顶生，盛花期长约6厘米，花密集，常转向一侧，后渐伸长，果期长20~40厘米；苞片线状钻形；花萼分裂近达基部；花冠白色，长5~6毫米，花冠裂片狭长圆形，先端钝圆；雄蕊内藏，花丝基部约1毫米连合并贴生于花冠筒基部；子房卵圆形。蒴果近球形。花期5~7月，果期7~10月。

生　　境：生于山顶草地上。常见。

观赏价值：总状花序上的花密集，像尾巴。可观花。

绿化用途：可用于花境。

临时救 *Lysimachia congestiflora* Hemsl.

珍珠菜属 *Lysimachia* L.

俗　　名：聚花过路黄

识别要点：草本。茎下部匍匐，节上生不定根，茎上部及分枝上升，长6~50厘米，分枝纤细，有时仅顶端具叶。叶对生，茎端的2对间距短，近簇生；叶片卵形、阔卵形至近圆形，近等大。花2~4朵簇生于茎枝顶端组成近头状的总状花序，在花序下方的1对叶腋有时具单生花；萼裂片披针形；花冠黄色，内面基部紫红色，花冠裂片卵状椭圆形至长圆形；花丝下部连合成筒，花药长圆柱形；子房被毛。蒴果球形。花期5~6月，果期7~10月。

生　　境：生于路边草地上。常见。

观赏价值：成片生长，花多而密。可观花。

绿化用途：可用作地被植物，亦可用于花境。

富宁香草　*Lysimachia fooningensis* C. Y. Wu

珍珠菜属　*Lysimachia* L.

识别要点：多年生草本，高 20~50 厘米，干后芳香。茎单生或 2~3 条簇生，直立，坚硬，木质，上半部具向顶端稍密聚的叶和花，下半部仅具叶痕或少数鳞片状叶。叶互生；叶片椭圆状披针形至狭披针形，腹面极疏、背面较密被无柄腺体；具极密网脉。花单朵或 2 朵生于叶腋，稀 3~4 朵生于叶腋的短枝顶端；花梗纤细；花萼自基部分裂成三角形的萼裂片；花冠黄色，分裂近达基部，花冠裂片线形；花丝基部与花冠筒合生，分离部分明显，花药顶部钝，顶孔开裂。蒴果近球形。

生　　境：生于山谷密林下。少见。

观赏价值：植株稍纤弱；叶集生于枝顶；花梗纤细，花下垂，黄色。可观姿、观花。

绿化用途：可用作林下地被植物，亦可用于花境，还可盆栽。

阔叶假排草　*Lysimachia petelotii* Merrill

珍珠菜属　*Lysimachia* L.

俗　　名：茄花香草

识别要点：直立草本，高 20~60 厘米。叶互生，聚集于茎端；叶片椭圆形至椭圆状披针形，近等大，长 4~18 厘米，宽 1.3~7 厘米；侧脉 6~7 对。花 1~2 朵生于叶腋长仅 1~2 毫米的短枝顶端；花梗长 1.2~2.5 厘米；花萼分裂近达基部，萼裂片披针形，先端长渐尖；花冠黄色，分裂近达基部，花冠裂片线形，长约 1.2 厘米；花丝基部与花冠筒合生约 1 毫米，分离部分极短，花药长可达 9 毫米，先端钝，顶孔开裂；花柱丝状，长可达 1.2 厘米，子房卵形。蒴果近球形。花期 5~6 月，果期 8~9 月。

生　　境：生于路边、山谷林下湿润处。常见。

观赏价值：植物矮小；叶集生于枝顶，亮绿色，叶脉凹陷；花下垂，可爱。可观姿、观叶、观花。

绿化用途：可用作林下地被植物，亦可用于花境，还可盆栽。

轮钟草 *Cyclocodon lancifolius* (Roxburgh) Kurz

轮钟草属 *Cyclocodon* Griff. ex Hook. f. & Thompson

桔梗科 Campanulaceae

俗　　名：长叶轮钟草、轮钟花、山荸荠、肉算盘

识别要点：直立或蔓性草本。茎高可达3米，中空，分枝多而长，平展或下垂。叶对生，偶有3片轮生；叶片卵形、卵状披针形至披针形，边缘具细尖齿或圆齿。花通常单朵顶生兼腋生，有时3朵排成聚伞花序；花萼仅贴生至子房下部，萼裂片（4）5（7）枚，相互远离，丝状或条形，边缘具分枝状细长齿；花冠钟状管形，白色或淡红色，长约1厘米，5~6裂至中部，花冠裂片卵形至卵状三角形；雄蕊5~6枚；花柱被毛或无毛，子房（4）5~6室。浆果球形，熟时紫黑色，具宿存萼。花期7~10月。

生　　境：生于路边草地上、灌木丛中。常见。

观赏价值：分枝多而长，平展或下垂；叶较长；花白色或淡红色，管状钟形；果紫黑色，宿存萼长而展开，像蜘蛛，故该植物也叫"蜘蛛果"。可观姿、观花、观果。

绿化用途：可用于庭园绿化、花境。

长花厚壳树　*Ehretia longiflora* Champ. ex Benth.

厚壳树属　*Ehretia* L.

俗　　　名：鸡肉树

识别要点：乔木，高5~10米。叶片椭圆形、长圆形或长圆状倒披针形，长8~12厘米，宽3.5~5厘米，边缘全缘，无毛；侧脉4~7对，细脉不明显。伞房状聚伞花序生于侧枝顶端；萼裂片卵形，具不明显的缘毛；花冠白色，钟状筒形，花冠裂片卵形或椭圆状卵形，伸展或稍弯，明显比花冠筒短；花丝长，生于花冠筒基部以上；花柱分支。核果淡黄色或红色。花期4月，果期6~7月。

生　　　境：生于路边、山地疏林中、山谷密林中湿润处。常见。

观赏价值：株形展开；叶多，色泽翠绿；花序多呈伞房状；果淡黄色或红色。可观姿、观花、观果。

绿化用途：可用于庭园绿化、村屯绿化。

毛麝香 *Adenosma glutinosa* (L.) Druce

毛麝香属 *Adenosma* R. Br.

识别要点：直立草本，高 30~100 厘米。全株密被多细胞长柔毛和腺毛。茎圆柱形，上部四棱柱形。叶对生，上部的叶多少互生；叶片披针状卵形至宽卵形，形状和大小变化较大，边缘具不整齐的齿，有时为重齿。花单生于叶腋或在茎枝顶端集成较密的总状花序；苞片叶状，较小；小苞片条形；花萼 5 深裂，在果期稍增大而宿存；花冠紫红色或蓝紫色，上唇卵圆形，先端截形至微凹，下唇 3 裂，偶有 4 裂；后方 1 对雄蕊较粗短，前方 1 对雄蕊较长；花柱向上逐渐变宽而具薄质的翅。蒴果卵形。花果期 7~10 月。

生　　境：生于路边、林缘。常见。

观赏价值：植株有香味，花紫红色或蓝紫色。可观花。

绿化用途：可用于花境。

其　　他：在 APG IV 分类系统中置于车前科 Plantaginaceae。

玄参科 Scrophulariaceae

岭南来江藤 *Brandisia swinglei* Merr.

来江藤属 *Brandisia* Hook. f. & Thomson

俗　　　名：广东来江藤

识别要点：直立或略蔓性灌木，高可达 2 米。全株密被灰褐色星状茸毛，枝及叶片腹面渐变无毛。叶片卵圆形，稀卵状长圆形，边缘全缘或具不规则疏齿。花单生于叶腋，有时 2 朵同生；花梗、小苞片和花萼均被灰褐色星状茸毛；花萼钟状，5 裂至 1/2 处，内面被绢毛，外面具 10 条脉；花冠黄色，长约 2.5 厘米，除花冠筒基部光滑外，外面均被灰褐色星状茸毛，上唇 2 裂且裂片歪卵形，下唇侧裂片长圆状卵形；雄蕊隐藏于花冠喉部；花柱基部与卵圆形的子房均被星状茸毛。蒴果小，扁球形。花期 6~11 月，果期 12 月至翌年 1 月。

生　　　境：生于路边、山顶、疏林下。常见。

观赏价值：植株直立，略蔓性；花黄色。可观姿、观花。

绿化用途：可用于花境。

其　　　他：在 APG Ⅳ 分类系统中置于列当科 Orobanchaceae。

母草　*Lindernia crustacea* (L.) F. Muell

母草属（陌上菜属）　*Lindernia* All.

俗　　名：小四方草、四方草

识别要点：草本，高 10~20 厘米。茎多分枝，常铺散成密丛。叶片三角状卵形或宽卵形，长 10~20 毫米，宽 5~11 毫米，边缘具浅钝齿，腹面近无毛，背面沿叶脉被稀疏柔毛或近无毛。花单生于叶腋或在茎枝顶端排成极短的总状花序；花萼坛状，顶部 5 浅裂，萼裂片的中肋明显；花冠紫色，花冠筒略长于花萼，上唇直立，卵形，钝头，有时 2 浅裂，下唇 3 裂且中间裂片较大；雄蕊 4 枚，全育，二强；花柱常早落。蒴果椭球形，与宿存萼近等长。花果期全年。

生　　境：生于草地上、路边。常见。

观赏价值：植株铺散成密丛，开花时花成片。可观花。

绿化用途：可用作地被植物，亦可用于花坛。

其　　他：在 APG Ⅳ 分类系统中置于母草科 Linderniaceae。

白花泡桐　*Paulownia fortunei* (Seem.) Hemsl.

泡桐属　*Paulownia* Sieb. & Zucc.

玄参科 Scrophulariaceae

俗　　名：通心条、饭桐子、笛螺木、沙桐彭、火筒木、华桐、大果泡桐、泡桐、白花桐

识别要点：乔木，高可达30米。树冠圆锥形，主干直。叶片长卵状心形，有时卵状心形，长可达20厘米，背面被星状毛及腺体，成熟叶片背面密被茸毛。花序狭长近圆柱形，长约25厘米；小聚伞花序具3~8朵花；花萼倒圆锥形，萼裂片卵圆形至三角状卵圆形，果期变为狭三角形；花冠管状漏斗形，白色且外面稍带紫色或浅紫色，花冠筒向上逐渐扩大，内面密布紫色细斑块；雄蕊长3~3.5厘米；花柱长约5.5厘米。蒴果长圆柱形或长圆柱状椭球形。花期3~4月，果期7~8月。

生　　境：生于山地、林中、路边。常见。

观赏价值：主干通直，叶大型，花多而美丽。可观姿、观花。

绿化用途：可用于通道绿化、庭园绿化、村屯绿化。

其　　他：在APG Ⅳ分类系统中置于泡桐科 Paulowniaceae。

江西马先蒿　*Pedicularis kiangsiensis* Tsoong et Cheng f.

马先蒿属　*Pedicularis* L.

识别要点：多年生草本。具根茎；地上茎直立，高 70~80 厘米，上部具明显的棱。叶假对生，生于茎顶者常为互生；叶片长卵形至披针状长圆形，具长柄，羽状浅裂至深裂，裂片长圆形至斜三角状卵形，具缺刻状小裂或重齿。总状花序短，生于主茎与侧枝顶端；苞片叶状，具柄，短于花；花萼狭卵形；花冠筒在花萼内稍向前弯曲，由萼筒裂口斜伸而出，喉部稍稍扩大，脉不扭转，盔瓣略作镰刀状弯曲，下唇不展开，侧裂，内侧大而耳形，中裂片三角状卵形，突出于侧裂片之前，与侧裂片组成 2 个狭而深的缺刻，初开时后方有 2 条不很明显的褶襞通向花冠喉部；雄蕊花丝 2 对，均无毛；柱头头状，自盔瓣伸出。花期 9~10 月。

生　　境：生于山顶密林下。少见。

观赏价值：植株较纤弱，叶片羽状浅裂至深裂，花形奇特。可观姿、观花。

绿化用途：可用作林下地被植物，亦可用于花境。

其　　他：在 APG Ⅳ 分类系统中置于列当科 Orobanchaceae。

单色蝴蝶草　*Torenia concolor* Lindl.

蝴蝶草属　*Torenia* L.

俗　　名：同色蓝猪耳、倒地蜈蚣

识别要点：匍匐草本。茎具 4 条棱，分枝上升或直立。叶片三角状卵形或长卵形，稀卵圆形，边缘具齿或具带短尖的圆齿，无毛或疏被柔毛。花单朵腋生或顶生，稀排成伞形花序；花具长 2~3.5 厘米的梗，果期梗长可达 5 厘米；花萼长 1.2~1.5（1.7）厘米，果期可达 2.3 厘米，具 5 枚宽略超过 1 毫米的翅，基部下延；花冠长 2.5~3.9 厘米，蓝色或蓝紫色；前方 1 对花丝各具 1 个长 2~4 毫米的线状附属物。花果期 5~11 月。

生　　境：生于林下、山谷中、路边。常见。

观赏价值：花蓝色或蓝紫色。可观花。

绿化用途：可用作地被植物，亦可用于花坛、花境。

其　　他：在 APG Ⅳ 分类系统中置于母草科 Linderniaceae。

玄参科　Scrophulariaceae

龙珠 *Tubocapsicum anomalum* (Franchet et Savatier) Makino

龙珠属 *Tubocapsicum* (Wettst.) Makino

识别要点：多年生草本，高可达1.5米。全株无毛。根粗壮。茎强壮，二歧分枝展开，分枝稍呈"之"字形折曲。叶片薄纸质，卵形、椭圆形或卵状披针形，长5~18厘米，宽3~10厘米，先端渐尖，基部歪斜楔形，下延至长0.8~3厘米的叶柄；侧脉5~8对。花（1）2~6朵簇生，俯垂；花梗细弱，长1~2厘米，顶端增大；花萼长约2毫米，果期稍增大而宿存；花冠宽6~8毫米，花冠裂片卵状三角形，先端锐尖，向外反卷，被短缘毛；雄蕊稍伸出花冠外；子房直径约2毫米，花柱近等长于雄蕊。浆果直径8~12毫米，熟后红色。花果期8~10月。

生　　境：生于路边。常见。
观赏价值：株形展开，果熟时红色。可观姿、观果。
绿化用途：可用于花境。

挖耳草 *Utricularia bifida* L.

狸藻属 *Utricularia* L.

俗　　名：二裂狸藻、金耳挖、耳挖草

识别要点：小草本。假根及匍匐茎少数，丝状。叶器生于匍匐茎上。捕虫囊生于叶器及匍匐茎上，球形，侧扁，具柄；囊口基生。花序直立，中部以上具 1~16 朵疏离的花；苞片与鳞片相似，基部着生；小苞片线状披针形，丝状，具翅；花萼 2 裂达基部；花冠黄色，上唇狭长圆形或长卵形，先端圆形，下唇近圆形，先端圆形或具 2~3 枚浅圆齿，喉部隆起呈浅囊状；距钻形，与下唇成锐角或钝角叉开；雄蕊无毛，花丝线形；雌蕊无毛，子房卵球形。蒴果宽椭球形，背腹扁，果皮膜质。花期 6~12 月，果期 7 月至翌年 1 月。

生　　境：生于沟边、路边湿润处、山坡上。常见。

观赏价值：花黄色，植株具捕虫囊。可观花，也是奇特的食虫植物。

绿化用途：可用于湿润微环境造景，亦可盆栽。

狸藻科 Lentibulariaceae

狸藻科 Lentibulariaceae

圆叶挖耳草　*Utricularia striatula* J. Smith

狸藻属　*Utricularia* L.

俗　　名：条纹挖耳草、圆叶狸藻

识别要点：小草本。假根丝状，不分枝。匍匐茎丝状，分枝。叶器多数，簇生呈莲座状或散生于匍匐茎上，倒卵形、圆形或肾形。捕虫囊多数，散生于匍匐茎上，斜卵球形，侧扁，囊口侧生，上唇具附属物，下唇无附属物。花序直立，上部具 1~10 朵疏离的花；苞片、小苞片均与鳞片相似，以中部着生，披针形；花萼 2 裂达基部；花冠白色、粉红色或淡紫色，喉部具黄斑，上唇细小，半圆形，下唇圆形或横椭圆形；距钻形或筒形，常弯曲，短于或等长于下唇并与其呈直角或锐角叉开；雄蕊无毛，花丝线形；雌蕊无毛，子房球形。蒴果斜倒卵球形，背腹扁，果皮膜质。花期 6~10 月，果期 7~11 月。

生　　境：生于潮湿的岩石上、山坡上，常生于苔藓丛中。常见。

观赏价值：花白色、粉红色或淡紫色，具距；植株具捕虫囊。可观花，也是奇特的食虫植物。

绿化用途：可用于湿润微环境造景，亦可盆栽。

钩突挖耳草　*Utricularia warburgii* K. I. Goebel

狸藻属　*Utricularia* L.

俗　　名：钩突耳草、瓦堡狸藻

识别要点：一年生陆生草本。叶器多数，从花序梗基部和匍匐茎节点长出，狭倒卵状楔形，膜质。捕虫囊生于匍匐茎和叶器上，卵球形，囊口侧生。花序直立，具1~6朵花；花序梗圆柱形；苞片以基部着生，卵形，边缘具细齿；小苞片椭圆形，稍短于苞片；萼裂片相等，下唇椭圆形，上唇阔卵形；花冠淡蓝紫色，上唇倒卵状楔形，先端微凹；距钻形，稍长于下唇；子房卵球形，柱头下唇半球形，上唇三角锥形。蒴果球形或椭球形。种子倒卵球形。花期5~9月，果期7~10月。

生　　境：生于潮湿的岩石上，常生于苔藓丛中。常见。

观赏价值：花形特别，植株具捕虫囊。可观花，也是奇特的食虫植物。

绿化用途：可用于湿润微环境造景，亦可盆栽。

蚂蟥七　*Chirita fimbrisepala* Hand.-Mazz.

唇柱苣苔属　*Chirita* Buch.-Ham. ex D. Don

俗　　名：石蜈蚣、石螃蟹、岩白菜、睫萼长蒴苣苔

识别要点：多年生草本。根茎粗。叶基生；叶片草质，卵形、宽卵形或近圆形，两侧不对称，长 4~10 厘米，宽 3.5~11 厘米，边缘具小齿或粗齿，腹面密被短柔毛并散生长糙毛，背面疏被短柔毛。聚伞花序 1~4（7）个，具（1）2~5 朵花；花冠淡紫色或紫色。蒴果长 6~8 厘米，宽约 2.5 毫米，被短柔毛。种子纺锤形。花期 3~4 月。

生　　境：生于山地林下石上、石崖上、山谷溪边。常见。

观赏价值：叶基生，草质，两侧不对称，卵形、宽卵形或近圆形；花美丽。可观叶、观花。

绿化用途：可用于花坛、石上造景，亦可盆栽。

其　　他：在 APG Ⅳ 分类系统中置于报春苣苔属 *Primulina*，拉丁名为 *Primulina fimbrisepala* (Hand.-Mazz.) Yin Z. Wang。

贵州半蒴苣苔 *Hemiboea cavaleriei* Lévl.

半蒴苣苔属 *Hemiboea* C. B. Clarke

俗　　　名：铁杆水草、石上凤仙、山金花菜、翠子菜、软黄花金魁、野蓝

识别要点：多年生草本。茎上升，高20~150厘米，无毛。叶对生；叶片稍肉质，长圆状披针形、卵状披针形或椭圆形，常不对称，长5~20厘米，宽2~8厘米，腹面绿色，背面淡绿色或带紫色。聚伞花序假顶生，具3~12朵花；总苞球形，宽1~2.5厘米，开花后呈船形；萼裂片5枚；花冠白色、淡黄色或粉红色，内面散生紫斑，长3~4.8厘米，筒部长2.3~3.3厘米，内面基部上方具1个毛环，上唇2浅裂，下唇3浅裂；花丝生于距花冠基部10~15毫米处，退化雄蕊3枚；子房线形，无毛。蒴果线状披针形。花期8~10月，果期10~12月。

生　　　境：生于山谷林下石上。少见。

观赏价值：植株较高；叶稍肉质，较大；花冠淡黄色，散生紫斑。可观姿、观花。

绿化用途：可用于花境。

华南半蒴苣苔　*Hemiboea follicularis* Clarke
半蒴苣苔属　*Hemiboea* C. B. Clarke

俗　　名：山竭、大降龙草、水桐

识别要点：多年生草本。茎上升，高 7~60 厘米。叶对生；叶片稍肉质，卵状披针形、卵形或椭圆形，先端多少不对称，腹面绿色，背面淡绿色，两面均无毛。聚伞花序假顶生，具 7~20 朵花；总苞球形，宽约 2 厘米，无毛，开花后呈坛状；萼裂片 5 枚，白色；花冠隐藏于总苞中，白色，长 1.5~1.8 厘米，筒部钟形，上唇 2 浅裂，下唇长 3 浅裂；花丝生于花冠基部上方 5~6 毫米处，狭线形，退化雄蕊 2 枚；花盘环状；雌蕊无毛，柱头头状。蒴果长椭球状披针形，稍弯曲。花期 6~8 月，果期 9~11 月。

生　　境：生于路边林下阴湿的岩石上。常见。

观赏价值：茎、叶稍肉质；叶形展开；花序假顶生，球形。可观姿、观花。

绿化用途：可用作林下地被植物，亦可用于花境。

长瓣马铃苣苔　*Oreocharis auricula* (S. Moore) Clarke

马铃苣苔属　*Oreocharis* Benth.

俗　　名：绢毛马铃苣苔、茸毛马铃苣苔

识别要点：多年生草本。叶全部基生；叶片长圆状椭圆形，边缘具钝齿至近全缘，腹面被贴伏短柔毛，背面被淡褐色绢状绵毛至近无毛；侧脉7~9对。聚伞花序2次分歧，2~5个，每个花序具4~11朵花；苞片2枚，长圆状披针形；花萼5裂至近基部，萼裂片相等，长圆状披针形；花冠细筒状，蓝紫色，长2~2.5厘米，外面被短柔毛，筒部与檐部等长或稍长，喉部缢缩，近基部稍膨大；檐部二唇形，上唇2裂，下唇3裂，5枚裂片近相等；雄蕊分生；花盘环状；子房线状长圆柱形。蒴果长约4.5厘米。花期6~7月，果期8月。

生　　境：生于山坡、山谷、林下阴湿的岩石上。常见。

观赏价值：叶全部基生，长圆状椭圆形，被毛；花紫色。可观叶、观花。

绿化用途：可用于花坛、花境、石上造景。

苦苣苔科　Gesneriaceae

白接骨 *Asystasiella neesiana* (Wall.) Lindau

白接骨属 *Asystasiella* Lindau

俗　　名：假牛膝、尼氏拟马偕花

识别要点：草本。具白色、富黏液的竹节形根茎；茎高可达 1 米，略四棱柱形。叶片纸质，卵形至椭圆状矩圆形，长 5~20 厘米；侧脉 6~7 对，在两面突起，疏被微毛。总状花序或花序基部有分枝，顶生，长 6~12 厘米；花单生或对生；苞片 2 枚，微小；萼裂片 5 枚，花序轴主轴和花萼均被有柄腺毛；花冠淡紫红色，漏斗形，外面疏生腺毛，花冠筒细长，花冠裂片 5 枚，略不等大；雄蕊二强。蒴果长 18~22 毫米，上部具 4 粒种子，下部实心，细长似柄。花期 7~8 月，果期 10~11 月。

生　　境：生于林下、路边、溪边。常见。

观赏价值：可成丛或成片生长；叶密集；花序长，花美丽。可观姿、观花。

绿化用途：可用作林下地被植物，亦可用于花境。

其　　他：在 APG Ⅳ 分类系统中置于十万错属 *Asystasia*，拉丁名为 *Asystasia neesiana* (Wall.) Nees。

曲枝假蓝 *Strobilanthes dalzielii* (W. W. Smith) Benoist
马蓝属 *Strobilanthes* Blume

俗　　名：曲枝马蓝、清沙草、疏花叉花草

识别要点：草本或灌木。茎直立，高可达 1 米；枝细瘦，呈"之"字形曲折。上部叶无柄或近无柄；叶片近对称或极不对称，卵形或卵状披针形，腹面深绿色；侧脉 5 对。穗状花序长 2~3 厘米，顶生或在茎上部腋生，具 2~4 朵花，花疏生；苞片线形、披针形；花萼长约 1 厘米，深裂至基部，萼裂片近线形，基部及中肋密被白色疏柔毛；花冠淡紫色或白色，长约 4.5 厘米，花冠筒下部圆柱形，长约 1 厘米，向上逐渐扩大，花冠裂片圆形；发育雄蕊 4 枚。蒴果线状长圆柱形，两侧压扁。花期 11 月。

生　　境：生于溪边、林下。常见。

观赏价值：枝条纤细，叶色深绿，花美丽。可观姿、观花。

绿化用途：可用作林下地被植物，亦可用于花境。

爵床科 Acanthaceae

藤紫珠　*Callicarpa integerrima* var. *chinensis* (P'ei) S. L. Chen

紫珠属　*Callicarpa* L.

俗　　　名：裴氏紫珠

识别要点：藤本植物或蔓性灌木。幼枝、叶柄和花序梗均被黄褐色星状毛和分支茸毛。叶片宽椭圆形或宽卵形，边缘全缘，腹面深绿色，初时被短硬毛和星状毛，背面被黄褐色星状毛和细小黄色腺点；侧脉6~9对。聚伞花序宽6~9厘米，6~8次分歧；苞片线形；花萼无毛，具细小黄色腺点；花冠紫红色至蓝紫色；雄蕊长约5毫米，花药细小；子房无毛。果紫色，直径约2毫米。花期5~7月，果期8~11月。

生　　　境：生于路边、山地。常见。

观赏价值：花密集而美丽，果紫色。可观花、观果。

绿化用途：可用于花境。

其　　　他：在APG Ⅳ 分类系统中置于唇形科 Lamiaceae。

枇杷叶紫珠 *Callicarpa kochiana* Makino

紫珠属 *Callicarpa* L.

俗　　名：黄毛紫珠、山枇杷、野枇杷

识别要点：灌木，高 1~4 米。小枝、叶柄与花序均密生黄褐色分支茸毛。叶片长椭圆形、卵状椭圆形或长椭圆状披针形，长 12~22 厘米，宽 4~8 厘米，先端渐尖或锐尖，基部楔形，边缘具齿，腹面无毛或疏被毛，通常脉上毛较密，背面密生黄褐色星状毛和分支茸毛，两面均具不明显的黄色腺点。聚伞花序宽 3~6 厘米，3~5 次分歧；花序梗长 1~2 厘米；花近无梗，密集于花序轴分枝顶端；花冠淡红色或紫红色。果球形，直径约 1.5 毫米，近全部包于宿存萼内。花期 7~8 月，果期 9~12 月。

生　　境：生于路边、林缘、灌木丛中。常见。

观赏价值：株形展开，叶大型，花密集而美丽。可观姿、观花。

绿化用途：可用于通道绿化、庭园绿化、村屯绿化、花境。

其　　他：在 APG Ⅳ分类系统中置于唇形科 Lamiaceae。

马鞭草科 Verbenaceae

广东紫珠 *Callicarpa kwangtungensis* Chun

紫珠属　*Callicarpa* L.

识别要点：灌木，高约 2 米。幼枝略被星状毛，常带紫色；老枝黄灰色，无毛。叶片狭椭圆状披针形、披针形或线状披针形，长 15~26 厘米，宽 3~5 厘米，边缘上半部具细齿，两面通常无毛，背面密生明显的细小黄色腺点；侧脉 12~15 对。聚伞花序宽 2~3 厘米，3~4 次分歧，被稀疏的星状毛；花萼在开花时稍被星状毛，果期无毛，萼裂片钝三角形；花冠白色或带紫红色；花丝约与花冠等长或稍短于花冠，花药长椭球形，药室孔裂；子房无毛，具黄色腺点。果球形。花期 6~7 月，果期 8~10 月。

生　　境：生于路边、山谷灌木丛中、山地疏林下。常见。

观赏价值：株形较为单弱，叶长，花小巧，果紫色。可观姿、观花、观果。

绿化用途：可用于通道绿化、庭园绿化、村屯绿化、花境。

其　　他：在 APG Ⅳ分类系统中置于唇形科 Lamiaceae。

马鞭草科　Verbenaceae

尖萼紫珠　*Callicarpa loboapiculata* Metc.

紫珠属　*Callicarpa* L.

马鞭草科　Verbenaceae

识别要点：灌木,高可达3米。小枝、叶柄和花序均密生黄褐色分支茸毛。叶片椭圆形,长12~22厘米,宽5~7厘米,先端渐尖,基部楔形,边缘具浅齿,腹面初被星状毛和分支毛,后脱落,仅脉上被毛,背面密生黄褐色星状毛和分支茸毛,两面均具细小黄色腺点。聚伞花序宽4~6厘米,5~6次分歧;苞片细小;花萼钟状,稍被星状毛或无毛,萼裂片急尖,长0.5~1毫米;花冠紫色,长约2.5毫米,顶端4裂,花冠裂片常被毛;花丝长约3.5毫米,花药椭球形,药室纵裂。果直径约1.2毫米,具黄色腺点,无毛。花期7~8月,果期9~12月。

生　　境：生于林缘、路边灌木丛中。常见。

观赏价值：株形展开,叶大型,花密集而美丽。可观姿、观花。

绿化用途：可用于通道绿化、庭园绿化、村屯绿化、花境。

其　　他：在APG Ⅳ分类系统中置于唇形科Lamiaceae。

秃红紫珠　*Callicarpa rubella* var. *subglabra* (P'ei) H. T. Chang

紫珠属　*Callicarpa* L.

识别要点：灌木，高约 2 米。小枝、叶片、花序、花萼、花冠均无毛。叶片倒卵形或倒卵状椭圆形，形状和大小变化较大，一般长 7~13 厘米，宽 2.5~6 厘米，更大者长可达 24 厘米，宽 6~8 厘米，先端尾尖或渐尖，基部心形，有时偏斜，边缘具细齿或不整齐的粗齿；侧脉 6~10 对，主脉、侧脉和细脉在两面稍隆起；叶柄极短或近无柄。聚伞花序宽 2~4 厘米；萼裂片钝三角形或不明显；花冠紫红色、黄绿色或白色，长约 3 毫米；雄蕊长为花冠长的 2 倍，药室纵裂。果紫红色，直径约 2 毫米。花期 6~7 月，果期 7~9 月。

生　　境：生于路边、山谷林缘、灌木丛中。常见。

观赏价值：株形展开，叶较大，花密集，果紫红色。可观姿、观花、观果。

绿化用途：可用于通道绿化、庭园绿化、村屯绿化、花境。

其　　他：在 APG Ⅳ 分类系统中置于唇形科 Lamiaceae。

紫花香薷 *Elsholtzia argyi* Lévl.

香薷属 *Elsholtzia* Willd.

唇形科 Lamiaceae

俗　　名：牙刷花、金鸡草、土荆芥、假紫苏、荆芥草、臭草、野薄荷

识别要点：草本，高 0.5~1 米。茎四棱柱形，具槽。叶片卵形至阔卵形，长 2~6 厘米，宽 1~3 厘米，边缘在基部以上具圆齿，近基部全缘，腹面绿色，疏被柔毛，背面淡绿色，沿叶脉被白色短柔毛，满布凹陷的腺点。穗状花序长 2~7 厘米，生于茎枝顶端，由具 8 朵花的轮伞花序组成；苞片圆形，边缘具缘毛；花萼管状，萼裂片 5 枚，钻形，大小近相等；花冠筒向上渐宽，冠檐二唇形，上唇直立，下唇稍展开；雄蕊 4 枚，前对较长，伸出花冠外；花柱纤细，伸出花冠外。小坚果长圆柱形。花果期 9~11 月。

生　　境：生于山地灌木丛中。常见。

观赏价值：花序较长，花玫红色，在花序轴上偏向一侧，似一支牙刷。可观花。

绿化用途：可用于花境。

水香薷　*Elsholtzia kachinensis* Prain

香薷属　*Elsholtzia* Willd.

唇形科　Lamiaceae

俗　　名：安南木、猪菜草、水薄荷

识别要点：柔弱平铺草本，长10~40厘米。茎平卧，被柔毛。叶片草质，卵圆形或卵圆状披针形，长1~3.5厘米，宽0.5~2厘米，腹面绿色，背面淡绿色。穗状花序于茎及枝上顶生，开花时常卵球形，果期延长呈圆柱形，由具4~6朵花的轮伞花序组成，花密集而偏向一侧；苞片阔卵形；花萼管状，萼裂片5枚，近相等，与萼筒近等长；花冠白色至淡紫色或紫色，花冠筒自基部向上渐宽，冠檐二唇形，上唇直立，下唇稍展开，3裂；雄蕊4枚，前对较长，均伸出很多，花丝无毛；花柱伸出花冠外，约与雄蕊等长。小坚果长圆柱形。花果期10~12月。

生　　境：生于沟边、湿润的草地上。常见。

观赏价值：可连片生长，花多。可观花。

绿化用途：可用于湿地修复、湿生环境造景。

中华锥花　*Gomphostemma chinense* Oliv.

锥花属　*Gomphostemma* Wall. ex Benth.

识别要点：草本。茎直立，高 24~80 厘米，上部钝四棱柱形，具槽，下部近木质。叶片草质，椭圆形或卵状椭圆形，腹面灰橄榄绿色，背面灰白色，两面均被毛。花序为由聚伞花序组成的圆锥花序或单生的聚伞花序，对生，生于茎基部，具 4 朵至多朵花；苞片椭圆形至披针形；小苞片线形；花萼在开花时狭钟状，萼裂片披针形至狭披针形；花冠白色至浅黄色，长约 5.2 厘米，外面疏被微柔毛，花冠筒在上部突然扩大，冠檐二唇形，上唇直立，下唇 3 裂；雄蕊与花冠上唇近等长；花柱不超过雄蕊。小坚果 4 个，褐色。花期 7~8 月，果期 10~12 月。

生　　境：生于路边、林下。常见。

观赏价值：能在密林下连片生长；叶草质，椭圆形或卵状椭圆形，腹面灰橄榄绿色；花生于茎基部，较大。可观叶、观花。

绿化用途：是良好的林下地被植物，亦可用于小径绿化。

出蕊四轮香　Hanceola exserta Sun

四轮香属　Hanceola Kudo

俗　　名：出蕊汉史草

识别要点：多年生草本。茎平卧上升，高 30~50 厘米，钝四棱柱形，具槽，常极多分枝并密生叶。叶片膜质至草质，卵形至披针形，腹面亮绿色，背面淡绿色，常带青紫色。由聚伞轮伞花序组成的总状花序顶生于枝上，长 6~10 厘米，疏花；聚伞花序具 1~3 朵花，通常具 1 朵花；苞叶披针形或线形，生于下部轮伞花序上的苞叶较大；小苞片钻形；花萼钟状，萼裂片 5 枚，近等大；花冠紫蓝色，管状漏斗形，长可达 2.5 厘米，花冠筒长约 19 毫米，向上逐渐扩大，冠檐二唇形，上唇 2 裂，下唇平展，花冠裂片椭圆形；雄蕊 4 枚，下倾，插生于花冠喉部，明显伸出花冠外；花柱与花冠等长或超过花冠，先端 2 裂，子房无毛。花期 9~10 月。

生　　境：生于路边、林下湿润处、溪边、沟边。常见。

观赏价值：茎常极多分枝并密生叶，叶片中脉有颜色较浅的条纹，花美丽。可观叶、观花。

绿化用途：可用作林下地被植物，亦可用于花境，还可盆栽。

唇形科　Lamiaceae

长管香茶菜　*Isodon longitubus* (Miquel) Kudo

香茶菜属　*Isodon* (Benth.) Kudo

识别要点：直立草本。茎钝四棱柱形，上部分枝；分枝细长，柔弱。叶对生；叶片坚纸质，狭卵圆形至卵圆形；叶柄极短。圆锥花序狭长，长10~20厘米，顶生或腋生，腋生者较短，由具3~5朵花的聚伞花序组成；下部苞叶与叶同形，向上苞叶渐变小而呈苞片状；花萼钟状，常带紫红色，萼裂片5枚，果期花萼增大；花冠紫色，长可达1.8厘米，花冠筒长可达1.4厘米，平伸但中部略弯曲，基部上方明显囊状膨大，冠檐二唇形，上唇外翻，下唇阔卵圆形；雄蕊4枚，内藏；花柱丝状。小坚果扁球形。花果期9~10月。

生　　境：生于路边。常见。

观赏价值：茎多分枝，分枝细长、柔弱；花美丽。可观姿、观花。

绿化用途：可用于花境。

唇形科　Lamiaceae

梗花华西龙头草　*Meehania fargesii* var. *pedunculata* (Hemsl.) C. Y. Wu

龙头草属　*Meehania* Britton

唇形科　Lamiaceae

俗　　名：疏麻菜、山苏麻

识别要点：多年生草本。茎直立，较高大粗壮，多分枝。叶片纸质，通常长三角状卵形，生于茎基部的叶较大。聚伞花序通常具花3朵以上，形成具明显短梗或长梗的轮伞花序，再在茎的上部排成顶生假总状花序；花萼在开花时管状，口部微张开，长1.5~1.8厘米，具15条脉；花冠淡红色至紫红色，长2.8~4.5厘米，外面被极疏的短柔毛，花冠筒直立，管状，上半部逐渐扩大，冠檐二唇形，上唇直立，2裂或2浅裂，下唇伸长，增大，3裂，两侧裂片长为中裂片长的1/2；雄蕊4枚，略二强，不伸出花冠外；子房4裂，花柱细长，微伸出花冠外。花期4~6月，果期6月以后。

生　　境：生于密林下。少见。

观赏价值：茎较高大粗壮，多分枝；叶纸质，长三角状卵形；花美丽。可观姿、观花。

绿化用途：可用作林下地被植物。

龙头草 *Meehania henryi* (Hemsl.) Sun ex C. Y. Wu
龙头草属　*Meehania* Britton

俗　　　名：长穗美汉花、鲤鱼
识别要点：多年生直立草本。茎四棱柱形。叶片纸质或近膜质，卵状心形、心形或卵形，生于茎中部的叶较大；具长柄，向上渐变短或近无柄。聚伞花序组成的假总状花序腋生和顶生；花萼在开花时狭管状，口部微张开，二唇形；花冠淡紫红色或淡紫色，长 2.3~3.7 厘米，花冠筒直立，管状，细，上半部逐渐扩大，冠檐二唇形，上唇微弯，2 裂，下唇增大，伸长，3 裂，中裂片扇形，先端微凹；雄蕊 4 枚，二强，内藏；子房 4 裂，花柱细长。小坚果球状长圆柱形。花期 9 月，果期 9 月以后。
生　　　境：生于山顶路边。常见。
观赏价值：植株直立；叶较大，卵状心形、心形或卵形；花美丽。可观姿、观花。
绿化用途：可用于花境。

唇形科　Lamiaceae

短齿白毛假糙苏　　*Paraphlomis albida* var. *brevidens* Hand.-Mazz.

假糙苏属　*Paraphlomis* Prain

唇形科　Lamiaceae

识别要点：草本。茎钝四棱柱形，具 4 条槽，密被白色倒伏疏柔毛。叶片坚纸质，卵圆形，腹面深绿色且脉上密被、余部疏被白色短柔毛，背面灰白色，密被白色倒伏疏柔毛；侧脉 4~5 对，在腹面稍凹陷，在背面隆起。轮伞花序具 2~8 朵花；小苞片极小，早落；花萼倒圆锥形，具 5 条明显的脉；5 枚萼裂片宽卵圆状三角形，先端短尖；花冠白色或略带紫斑，外面除花冠筒外被平伏长柔毛及腺点，冠檐二唇形，上唇长椭圆形，直伸，下唇 3 裂；雄蕊 4 枚，上升至上唇之下；花柱顶部近对称，2 浅裂。花期 7~10 月。

生　　境：生于路边、林下、灌木丛中。常见。

观赏价值：枝条纤细；叶形展开；花白色，可爱。可观姿、观花。

绿化用途：可用于花境。

假糙苏 *Paraphlomis javanica* (Bl.) Prain
假糙苏属 *Paraphlomis* Prain

识别要点：草本，高约 50 厘米，有时达 1.5 米。茎基部无叶，上部具叶。叶片膜质或纸质，椭圆形、椭圆状卵形或长圆状卵形，通常长 7~15 厘米，宽 3~8.5 厘米，腹面绿色，背面淡绿色；侧脉 5~6 对。轮伞花序圆球形，具多朵花；花连同花冠直径共约 3 厘米；小苞片钻形，长不超过萼筒；花萼在开花时明显管状，口部骤然张开，在结果时膨大且常变红色；花冠通常黄色或淡黄色，亦有近白色，冠檐二唇形，上唇长圆形，边缘全缘，直伸，下唇 3 裂，中裂片较大；雄蕊 4 枚，均上升至上唇之下或略超出上唇；子房紫黑色，顶部平截，花柱丝状。小坚果倒卵球状三棱柱形，顶部钝圆，黑色，无毛。花期 6~8 月，果期 8~12 月。

生　　境：生于路边、林缘、疏林下。常见。

观赏价值：叶常生于枝上部，展开；花黄色，小巧。可观姿、观花。

绿化用途：可用于花境。

唇形科 Lamiaceae

两广黄芩　*Scutellaria subintegra* C. Y. Wu et H. W. Li

黄芩属　*Scutellaria* L.

唇形科　Lamiaceae

俗　　名：山韩信草

识别要点：多年生草本。茎直立，四棱柱形，具发达的腋出分枝，因而全株呈塔形。叶片草质，线状披针形，边缘在中部以上每侧疏生 1~2 枚不明显的波状圆齿，腹面橄榄绿色，背面色较浅。花生于茎及分枝上部，排列成长 1.5~5 厘米的总状花序；苞片线状披针形至线形；花萼被微柔毛，盾片高约 0.8 毫米；花冠紫色，长可达 1.3 厘米，花冠筒基部浅囊状膨大，向上渐增大，冠檐二唇形，上唇盔状，内凹，下唇中裂片近圆形，先端微缺；雄蕊 4 枚，前对较长，微露出，后对较短；花柱细长，子房 4 裂。花期 8~10 月，果期 11 月。

生　　境：生于路边山坡湿润处、溪边、沟边。常见。

观赏价值：植株具发达的分枝，呈塔形；叶橄榄绿色；花紫色，可爱美丽。可观姿、观花。

绿化用途：可用于花境、花坛，亦可盆栽。

铁轴草 *Teucrium quadrifarium* Buch.-Ham. ex D. Don

香科科属　*Teucrium* L.

俗　　名：红毛将军、绣球防风、黑头草、红杆一棵蒿、凤凰草

识别要点：半灌木。茎直立，高 30~110 厘米，常不分枝。叶片卵圆形或长圆状卵圆形，茎上部及分枝上的叶片变小，边缘具有重齿的细齿或圆齿，腹面被平贴短柔毛，背面叶脉与叶柄均被与茎上同一式而较短的长柔毛。假穗状花序由密集或有时较疏松的具 2 朵花的轮伞花序组成，自茎上部 2/3 上的叶腋内的腋生侧枝上及主茎顶端生出，在茎顶俨如圆锥花序；苞片极发达；花萼钟状，萼裂片 5 枚，二唇形；花冠淡红色，长 1.2~1.3 厘米，花冠筒长约为花冠长的 1/3，唇片近与花冠筒成直角；雄蕊稍短于花冠；花柱顶端 2 浅裂。小坚果倒卵状近球形。花期 7~9 月。

生　　境：生于林下、路边、灌木丛中。常见。

观赏价值：茎直立，叶形展开，花序长。可观姿、观花。

绿化用途：可用于花境。

唇形科　Lamiaceae

聚花草　*Floscopa scandens* Lour.

聚花草属　*Floscopa* Lour.

俗　　名：小竹叶菜、水竹菜、竹叶草、大祥竹篙草、水草

识别要点：多年生草本。茎高 20~70 厘米，不分枝。叶片椭圆形至披针形，长 4~12 厘米，宽 1~3 厘米，腹面具鳞片状突起；无柄或具带翅的短柄。圆锥花序多个，顶生兼有腋生，再排成长可达 8 厘米、宽可达 4 厘米的扫帚状复圆锥花序；下部总苞片叶状，与叶同型、同大，上部总苞片比叶小得多；萼片长浅舟状；花瓣蓝色或紫色，稀白色，倒卵形，略长于萼片；花丝长而无毛。蒴果卵球形。种子半椭球形，灰蓝色，具从胚盖发出的辐射纹。花果期 7~11 月。

生　　境：生于水边、路边、林下湿润处。常见。

观赏价值：叶形展开；复圆锥花序，花密集。可观姿、观花。

绿化用途：可用于湿地修复、湿生环境造景。

舞花姜 *Globba racemosa* Smith

舞花姜属　*Globba* L.

俗　　名：麦氏舞花姜

识别要点：多年生草本，高 0.6~1 米。叶片长圆形或卵状披针形，长 12~20 厘米，宽 4~5 厘米，两面脉上疏被柔毛或无毛；叶舌及叶鞘口均具缘毛。圆锥花序顶生，长 15~20 厘米或更长；苞片早落；小苞片长约 2 毫米；花黄色，各部均具橙色腺点。萼筒漏斗形，顶部具 3 枚萼裂片；花冠筒长约 1 厘米，花冠裂片反折；侧生退化雄蕊披针形，与花冠裂片等长；唇瓣倒楔形，先端 2 裂，反折，生于花丝基部稍上处；花丝长 10~12 毫米，花药长约 4 毫米，两侧无翅状附属体。蒴果椭球形，直径约 1 厘米。花期 6~9 月。

生　　境：生于路边、林下阴湿处。常见。

观赏价值：叶大而色深；花序长，花形奇特。可观叶、观花。

绿化用途：可用作林下地被植物，亦可用于花境。

丛生蜘蛛抱蛋　*Aspidistra caespitosa* C. Pei

蜘蛛抱蛋属　*Aspidistra* Ker Gawl.

百合科　Liliaceae

识别要点：多年生草本。根茎较粗，具节和鳞片。叶常3片簇生；叶片带形，最长可达80厘米，边缘无齿，基部逐渐收狭成不明显的柄。花序梗长2~11厘米，平卧或膝曲状弯曲；苞片4~5枚，其中2枚位于花的基部，卵形，具紫色斑点；花坛状，长20~22毫米，宽16~20毫米，外面具紫色斑点，内面暗紫色，上部6裂，花被筒长10~12毫米，花被裂片卵状披针形；雄蕊6枚，生于花被筒近基部且低于柱头，花丝很短；花柱无关节，柱头盾状膨大，子房短，3室。浆果卵形，紫色，粗糙。花果期3~4月。

生　　境：生于路边、山谷林下。常见。

观赏价值：可连片生长；叶带形，长；花生于基部，坛状。可观叶、观花。

绿化用途：可用作林下地被植物，亦可用于花境，还可盆栽。

其　　他：在APG Ⅳ分类系统中置于天门冬科 Asparagaceae。

贺州蜘蛛抱蛋　*Aspidistra hezhouensis* Qi Gao et Yan Liu

蜘蛛抱蛋属　*Aspidistra* Ker Gawl.

百合科　Liliaceae

识别要点：多年生常绿草本。根茎匍匐。叶单生，直立；叶片长圆状披针形至狭椭圆形，先端渐尖，基部楔形，边缘全缘，深绿色；叶柄长 10~23 厘米。花序梗直立或倾斜；苞片 3~5 枚，浅紫色；花单生；花钟状，花被裂片黄色，有时基部紫红色，平展，披针形，花被筒外面黄白色，内面带紫色；雄蕊（6）8 枚，生于花被筒中部，花药椭球形，花丝近无；雌蕊淡紫色，柱头表面中央"十"字形凹陷，周边 4 裂。浆果球形。花期 3~4 月。

生　　境：生于溪边、密林下。常见。

观赏价值：可连片生长；叶长圆状披针形至狭椭圆形，深绿色；花生于植株基部，钟状。可观叶、观花。

绿化用途：可用作林下地被植物，亦可用于花境，还可盆栽。

其　　他：在 APG Ⅳ 分类系统中置于天门冬科 Asparagaceae。

百合科 Liliaceae

万寿竹　　*Disporum cantoniense* (Lour.) Merr.

万寿竹属　　*Disporum* Salisb. ex D. Don

识别要点：多年生草本。根粗，长，肉质。根茎横出，质硬，结节状；茎高50~150厘米，直径约1厘米，上部有较多的叉状分枝。叶片纸质，披针形至狭椭圆状披针形，具3~7条明显的基出脉；叶柄短。伞形花序具3~10朵花，生于与上部叶对生的短枝顶端；花紫色；花被片斜出，倒披针形，边缘具乳头状突起，基部具长2~3毫米的距；雄蕊内藏，花药长3~4毫米，花丝长8~11毫米；子房长约3毫米。浆果直径8~10毫米，具2~3（5）粒种子。种子暗棕色，直径约5毫米。花期5~7月，果期8~10月。

生　　境：生于溪边、密林下。常见。

观赏价值：植株高细，分枝多；花紫色。可观姿、观花。

绿化用途：可用作林下地被植物，亦可用于花境。

其　　他：在APG Ⅳ分类系统中置于秋水仙科 Colchicaceae。

野百合 *Lilium brownii* F. E. Brown ex Miellez

百合属 *Lilium* L.

俗　　名：羊屎蛋、倒挂山芝麻、紫花野百合、新疆野百合

识别要点：多年生草本。鳞茎球形，直径 2~4.5 厘米，鳞片白色；茎高 0.7~2 米。叶散生，通常自下向上渐小；叶片披针形、窄披针形至条形，长 7~15 厘米，宽（0.6）1~2 厘米，边缘全缘，两面无毛，具 5~7 条脉。花单生或数朵排成近伞形；花梗长 3~10 厘米，稍弯；苞片披针形；花喇叭形，芳香，乳白色，外面稍带紫色，无斑点，向外张开或先端向外弯而不卷，蜜腺两边具小乳头状突起；雄蕊向上弯，花丝长 10~13 厘米，中部以下密被柔毛，花药长椭球形；子房圆柱形，柱头 3 裂。蒴果椭球形。花期 5~6 月，果期 9~10 月。

生　　境：生于路边、山顶灌木丛中。少见。

观赏价值：花喇叭形，乳白色，芳香。可观花。

绿化用途：可用于花境。

百合科 Liliaceae

油点草 *Tricyrtis macropoda* Miq.

油点草属 *Tricyrtis* Wall.

百合科 Liliaceae

俗　　名：油迹草

识别要点：多年生草本，高可达1米。叶片卵状椭圆形、矩圆形至矩圆状披针形，两面疏生短糙伏毛，基部心形抱茎或圆形；近无柄。二歧聚伞花序顶生或生于上部叶腋，花疏散；花序轴和花梗均被淡褐色短糙毛；苞片很小；花被片绿白色或白色，内面具多数紫红色斑点，卵状椭圆形至披针形，长1.5~2厘米，开放后自中下部向下反折，外轮3枚较内轮宽，在基部向下延伸成囊状；雄蕊约与花被片等长，花丝中上部向外弯垂；柱头3裂，每裂上端又2深裂，小裂片密生腺毛。蒴果直立，长2~3厘米。花果期6~10月。

生　　境：生于林下、山顶路边、灌木丛中。常见。

观赏价值：植株纤细；叶片常具紫色斑点，基部心形抱茎或圆形；花形奇特。可观姿、观叶、观花。

绿化用途：可用于花境。

丫蕊花　*Ypsilandra thibetica* Franch.

丫蕊花属　*Ypsilandra* Franch.

识别要点：多年生草本。根茎直径约 1 厘米，长 1~5 厘米。叶片宽（0.6）1.5~4.8 厘米，连同叶柄共长 6~27 厘米。花葶通常比叶长，较少短于叶；总状花序具几朵至二十几朵花；花梗比花被稍长；花被片白色、淡红色至紫色，近匙状倒披针形；雄蕊长 10~18 毫米，至少有 1/3 伸出花被外；子房上部 3 裂达 1/3~2/5，花柱长 16~20 毫米，稍高于雄蕊，在果期则明显高出雄蕊，柱头小，头状，稍 3 裂。蒴果长为宿存花被片长的 1/2~2/3。花期 3~4 月，果期 5~6 月。

生　　境：生于林下、路边、沟边。常见。

观赏价值：花密集，白色、淡红色至紫色。可观花。

绿化用途：可用于花境。

其　　他：在 APG Ⅳ 分类系统中置于藜芦科 Melanthiaceae。

百合科　Liliaceae

石蒜 *Lycoris radiata* (L'Her.) Herb.

石蒜属 *Lycoris* Herb.

俗　　名：红花石蒜、曼珠沙华、彼岸花、龙爪花、蟑螂花、两生花、死人花、幽灵花

识别要点：多年生草本。鳞茎近球形，直径 1~3 厘米。秋季出叶；叶片狭带形，长约 15 厘米，宽约 0.5 厘米，先端钝，深绿色，腹面沿中肋具粉绿色带。花葶高约 30 厘米；总苞片 2 枚，披针形，长约 35 厘米，宽约 0.5 厘米；伞形花序具 4~7 朵花；花鲜红色，花被裂片狭倒披针形，长约 3 厘米，宽约 0.5 厘米，明显皱缩和反卷，花被筒绿色，长约 0.5 厘米；雄蕊明显伸出花被外，比花被长约 1 倍。花期 8~9 月，果期 10 月。

生　　境：生于山地、路边。少见。

观赏价值：可成丛生长；叶狭带形，深绿色；伞形花序，花鲜红色。可观叶、观花。

绿化用途：可用作地被植物，亦可用于花境。

小花鸢尾　*Iris speculatrix* Hance

鸢尾属　*Iris* L.

俗　　名：六轮茅、八棱麻、亮紫鸢尾

识别要点：多年生草本。基部围有棕褐色的老叶叶鞘纤维及披针形鞘状叶；叶片略弯曲，剑形或条形，长 15~30 厘米，暗绿色，有光泽。花葶光滑，不分枝或偶有侧枝，高 20~25 厘米；苞片 2~3 枚，内包 1~2 朵花；花梗长 3~5.5 厘米，花凋谢后弯曲；花蓝紫色或淡蓝色，直径 5.6~6 厘米；花被筒短而粗，外轮花被裂片匙形，具深紫色环形斑纹，中脉上具鲜黄色鸡冠状附属物，内轮花被裂片狭倒披针形，直立；雄蕊长约 1.2 厘米，花药白色；花柱分支扁平，与花被裂片同色，子房纺锤形。蒴果椭球形，顶部具细长而尖的喙。花期 5 月，果期 7~8 月。

生　　境：生于路边、林缘、草地上。常见。

观赏价值：花美丽。可观花。

绿化用途：可用于花境。

密苞叶薹草 *Carex phyllocephala* T. Koyama

薹草属 *Carex* L.

莎草科 Cyperaceae

识别要点：多年生草本。根茎短而稍粗；秆高 20~60 厘米，较粗壮，钝三棱柱形。叶排列紧密；叶片质较坚挺，宽 8~15 毫米；具稍长的叶鞘紧包着秆，叶鞘上下彼此套叠，鞘上端的叶舌明显。苞片叶状，密生于秆的顶端，长于花序，具很短的苞鞘；小穗 6~10 枚，密生于秆的上端；顶生小穗为雄小穗，线状圆柱形，长 1~2.5 厘米，具短柄；其余小穗为雌小穗；有时顶部具少数雄花，狭圆柱形。小坚果倒卵形，具 3 条棱，长约 2 毫米，基部无柄。花果期 6~9 月。

生　境：生于林下、路边、山谷等潮湿处。常见。

观赏价值：叶排列紧密，旋转状着生；叶鞘紧包着秆，上下彼此套叠。可观姿。

绿化用途：可用作地被植物。

中文名索引

A

矮桃 ········· 172

B

白花龙 ········· 136
白花泡桐 ········· 181
白接骨 ········· 192
白瑞香 ········· 45
白檀 ········· 138
薄叶卷柏 ········· 2
北江荛花 ········· 46

C

茶荚蒾 ········· 160
长瓣马铃苣苔 ········· 191
长波叶山蚂蝗 ········· 101
长萼堇菜 ········· 28
长管香茶菜 ········· 203
长花厚壳树 ········· 177
长柱瑞香 ········· 44
常绿荚蒾 ········· 159
常山 ········· 82
齿缘吊钟花 ········· 119
赤杨叶 ········· 134
崇澍蕨 ········· 7
臭节草 ········· 110

出蕊四轮香 ········· 202
楮头红 ········· 71
刺毛杜鹃 ········· 121
丛生蜘蛛抱蛋 ········· 212
粗喙秋海棠 ········· 52
翠云草 ········· 5

D

大橙杜鹃 ········· 122
大花帘子藤 ········· 144
大罗伞树 ········· 130
大落新妇 ········· 36
大旗瓣凤仙花 ········· 43
大叶白纸扇 ········· 150
大叶黄杨 ········· 104
单色蝴蝶草 ········· 183
地锦苗 ········· 23
地棯 ········· 66
蝶花荚蒾 ········· 157
东方古柯 ········· 78
冬青 ········· 106
杜鹃 ········· 129
杜英 ········· 73
短齿白毛假糙苏 ········· 206
短莛无距花 ········· 64
短小蛇根草 ········· 152

钝齿铁线莲	16
钝叶楼梯草	105
多花杜鹃	120

E

峨眉鼠刺	81

F

粉叶首冠藤	96
丰城鸡血藤	98
福建蔓龙胆	168
富宁香草	174

G

梗花华西龙头草	204
钩突挖耳草	187
菰腺忍冬	154
光叶石楠	88
广东杜鹃	128
广东西番莲	50
广东紫珠	196
贵定杜鹃	124
贵州半蒴苣苔	189
桂南木莲	13
过路惊	63

H

禾叶景天	35
贺州蜘蛛抱蛋	213
黑鳞复叶耳蕨	9
衡山金丝桃	72
红果树	94
红花酢浆草	40
红色新月蕨	8
猴欢喜	75
厚果鱼藤	99
湖南凤仙花	42
虎耳草	38
虎舌红	132
华凤仙	41
华南半蒴苣苔	190
华南粗叶木	149
华南堇菜	24
华南龙胆	170
华南舌蕨	10
华女贞	143
黄瓜菜	165
黄花倒水莲	31
黄毛猕猴桃	59
黄牛奶树	140

J

鸡肫梅花草	37
荚蒾	155
假糙苏	207
假地豆	100
尖萼厚皮香	57
尖萼紫珠	197
江南星蕨	11
江西马先蒿	182

金叶含笑	14
锦香草	69
聚花草	210
蕨叶人字果	20

K

苦栎木	142
阔裂叶龙须藤	95
阔叶假排草	175

L

莲座紫金牛	133
两广黄芩	208
两广梭罗树	76
亮毛堇菜	29
裂果卫矛	108
裂叶秋海棠	53
临时救	173
岭南来江藤	179
岭南槭	112
龙头草	205
龙珠	184
卵叶水芹	117
轮叶赤楠	61
轮钟草	176
罗蒙常山	83
罗星草	167
绿冬青	107

M

马兰	164
蚂蟥七	188
毛柄锦香草	70
毛花猕猴桃	58
毛棉杜鹃	127
毛麝香	178
毛柱铁线莲	18
美丽胡枝子	103
密苞叶薹草	220
母草	180
木芙蓉	77
木荷	56
木油桐	79

N

| 南方荚蒾 | 156 |

P

| 枇杷叶紫珠 | 195 |

Q

七星莲	25
茜树	148
青葙	39
曲江远志	33
曲枝假蓝	193

R

| 日本杜英 | 74 |

日本蛇根草 ……………………… 151
绒毛石楠 ………………………… 90
柔毛堇菜 ………………………… 26
软条七蔷薇 ……………………… 92

S

三角叶堇菜 ……………………… 30
三脉紫菀 ………………………… 162
山矾 ……………………………… 139
山蟛蜞菊 ………………………… 166
山桐子 …………………………… 48
珊瑚树 …………………………… 158
少花柏拉木 ……………………… 62
深绿卷柏 ………………………… 3
深山含笑 ………………………… 15
石斑木 …………………………… 91
石蒜 ……………………………… 218
疏松卷柏 ………………………… 4
鼠刺 ……………………………… 80
水东哥 …………………………… 60
水团花 …………………………… 147
水香薷 …………………………… 200

T

藤紫珠 …………………………… 194
天料木 …………………………… 49
铁轴草 …………………………… 209
庭藤 ……………………………… 102
头巾马银花 ……………………… 126

秃红紫珠 ………………………… 198
陀螺果 …………………………… 135

W

挖耳草 …………………………… 185
弯蒴杜鹃 ………………………… 125
万寿竹 …………………………… 214
微糙三脉紫菀 …………………… 163
尾花细辛 ………………………… 22
五岭龙胆 ………………………… 169
舞花姜 …………………………… 211

X

溪边凤尾蕨 ……………………… 6
腺叶桂樱 ………………………… 87
香港大沙叶 ……………………… 153
香港双蝴蝶 ……………………… 171
香港四照花 ……………………… 115
香港远志 ………………………… 32
香花鸡血藤 ……………………… 97
香花枇杷 ………………………… 86
小果山龙眼 ……………………… 47
小花八角枫 ……………………… 116
小花鸢尾 ………………………… 219
小叶石楠 ………………………… 89
心叶紫金牛 ……………………… 131
心叶醉魂藤 ……………………… 145
星毛金锦香 ……………………… 68
锈毛铁线莲 ……………………… 17

Y

丫蕊花	217
野百合	215
野鸦椿	114
野珠兰	93
异药花	65
异叶地锦	109
阴地唐松草	21
银木荷	55
印度野牡丹	67
油点草	216
圆叶挖耳草	186
圆锥绣球	84
云锦杜鹃	123
云南黑鳗藤	146
云南桤叶树	118

Z

窄叶柃	54
樟叶泡花树	113
中华锥花	201
钟花樱	85
皱果安息香	137
珠光香青	161
珠芽景天	34
柱果铁线莲	19
紫背天葵	51
紫果槭	111
紫花堇菜	27
紫花香薷	199
醉鱼草	141

拉丁名索引

A

Acer cordatum Pax ······ 111

Acer tutcheri Duthie ······ 112

Actinidia eriantha Benth. ······ 58

Actinidia fulvicoma Hance ······ 59

Adenosma glutinosa (L.) Druce ······ 178

Adina pilulifera (Lam.) Franch. ex Drake ······ 147

Aidia cochinchinensis Lour. ······ 148

Alangium faberi Oliv. ······ 116

Alniphyllum fortunei (Hemsl.) Makino ······ 134

Anaphalis margaritacea (L.) Benth. et Hook. f. ······ 161

Arachniodes nigrospinosa (Ching) Ching ······ 9

Ardisia hanceana Mez ······ 130

Ardisia maclurei Merr. ······ 131

Ardisia mamillata Hance ······ 132

Ardisia primulifolia Gardner & Champion ······ 133

Asarum caudigerum Hance ······ 22

Aspidistra caespitosa C. Pei ······ 212

Aspidistra hezhouensis Qi Gao et Yan Liu ······ 213

Aster ageratoides Turcz. ······ 162

Aster ageratoides var. *scaberulus* (Miq.) Ling. ······ 163

Aster indicus L. ······ 164

Astilbe grandis Stapf ex Wils. ······ 36

Asystasiella neesiana (Wall.) Lindau ······ 192

B

Bauhinia apertilobata Merr. et Metc. ... 95

Bauhinia glauca (Wall. ex Benth.) Benth. ... 96

Begonia fimbristipula Hance ... 51

Begonia longifolia Blume ... 52

Begonia palmata D. Don ... 53

Blastus pauciflorus (Benth.) Guillaum. ... 62

Boenninghausenia albiflora (Hook.) Reichb. ex Meisn. ... 110

Brandisia swinglei Merr. ... 179

Bredia quadrangularis Cogn. ... 63

Buddleja lindleyana Fort. ... 141

Buxus megistophylla Lévl. ... 104

C

Callerya dielsiana (Harms) P. K. Loc ex Z. Wei & Pedley ... 97

Callerya nitida var. *hirsutissima* (Z. Wei) X. Y. Zhu ... 98

Callicarpa integerrima var. *chinensis* (P'ei) S. L. Chen ... 194

Callicarpa kochiana Makino ... 195

Callicarpa kwangtungensis Chun ... 196

Callicarpa loboapiculata Metc. ... 197

Callicarpa rubella var. *subglabra* (P'ei) H. T. Chang ... 198

Canscora andrographioides Griffith ex C. B. Clarke ... 167

Carex phyllocephala T. Koyama ... 220

Celosia argentea L. ... 39

Cerasus campanulata (Maxim.) Yü et Li ... 85

Chirita fimbrisepala Hand.-Mazz. ... 188

Clematis apiifolia var. *argentilucida* (H. Léveillé & Vaniot) W. T. Wang ... 16

Clematis leschenaultiana DC. ... 17

Clematis meyeniana Walp. ... 18

Clematis uncinata Champ. ... 19

Clethra delavayi Franch. 118

Cornus hongkongensis Hemsley 115

Corydalis sheareri S. Moore 23

Crawfurdia pricei (Marq.) H. Smith 168

Cyclocodon lancifolius (Roxburgh) Kurz 176

D

Daphne championii Benth. 44

Daphne papyracea Wall. ex Steud. 45

Derris taiwaniana (Hayata) Z. Q. Song 99

Desmodium heterocarpon (L.) DC. 100

Desmodium sequax Wall. 101

Dichocarpum dalzielii (Drumm. et Hutch.) W. T. Wang et Hsiao 20

Dichroa febrifuga Lour. 82

Dichroa yaoshanensis Y. C. Wu 83

Disporum cantoniense (Lour.) Merr. 214

E

Ehretia longiflora Champ. ex Benth. 177

Elaeocarpus decipiens Hemsl. 73

Elaeocarpus japonicus Sieb. et Zucc. 74

Elaphoglossum yoshinagae (Yatabe) Makino 10

Elatostema obtusum Wedd. 105

Elsholtzia argyi Lévl. 199

Elsholtzia kachinensis Prain 200

Enkianthus serrulatus (Wils.) Schneid. 119

Eriobotrya fragrans Champ. ex Benth. 86

Erythroxylum sinense Y. C. Wu 78

Euonymus dielsianus Loes. ex Diels 108

Eurya stenophylla Merr. 54

Euscaphis japonica (Thunb.) Dippel ·· 114

F

Floscopa scandens Lour. ·· 210

Fordiophyton breviscapum (C. Chen) Y. F. Deng & T. L. Wu ·· 64

Fordiophyton faberi Stapf ·· 65

Fraxinus insularis Hemsl. ·· 142

G

Gentiana davidii Franch. ·· 169

Gentiana loureiroi (G. Don) Grisebach ·· 170

Globba racemosa Smith ·· 211

Gomphostemma chinense Oliv. ·· 201

H

Hanceola exserta Sun ·· 202

Helicia cochinchinensis Lour. ·· 47

Hemiboea cavaleriei Lévl. ·· 189

Hemiboea follicularis Clarke ·· 190

Heterostemma siamicum Craib ·· 145

Hibiscus mutabilis L. ·· 77

Homalium cochinchinense (Lour.) Druce ·· 49

Hydrangea paniculata Sieb. ·· 84

Hypericum hengshanense W. T. Wang ·· 72

I

Idesia polycarpa Maxim. ·· 48

Ilex chinensis Sims ·· 106

Ilex viridis Champ. ex Benth. ·· 107

Impatiens chinensis L. ·· 41

Impatiens hunanensis Y. L. Chen ········· 42

Impatiens macrovexilla Y. L. Chen ········· 43

Indigofera decora Lindl. ········· 102

Iris speculatrix Hance ········· 219

Isodon longitubus (Miquel) Kudo ········· 203

Itea chinensis Hook. et Arn. ········· 80

Itea omeiensis C. K. Schneider ········· 81

J

Jasminanthes saxatilis (Tsiang & P. T. Li) W. D. Stevens & P. T. Li ········· 146

L

Lasianthus austrosinensis H. S. Lo ········· 149

Lauro-cerasus phaeosticta (Hance) Schneid. ········· 87

Lepisorus fortunei (T. Moore) C. M. Kuo ········· 11

Lespedeza thunbergii subsp. *formosa* (Vogel) H. Ohashi ········· 103

Ligustrum lianum P. S. Hsu ········· 143

Lilium brownii F. E. Brown ex Miellez ········· 215

Lindernia crustacea (L.) F. Muell ········· 180

Lonicera hypoglauca Miq. ········· 154

Lycoris radiata (L'Her.) Herb. ········· 218

Lysimachia clethroides Duby ········· 172

Lysimachia congestiflora Hemsl. ········· 173

Lysimachia fooningensis C. Y. Wu ········· 174

Lysimachia petelotii Merrill ········· 175

M

Manglietia conifera Dandy ········· 13

Meehania fargesii var. *pedunculata* (Hemsl.) C. Y. Wu ········· 204

Meehania henryi (Hemsl.) Sun ex C. Y. Wu ········· 205

Melastoma dodecandrum Lour. ·· 66

Melastoma malabathricum Linnaeus ·· 67

Meliosma squamulata Hance ·· 113

Melliodendron xylocarpum Hand.-Mazz. ··· 135

Michelia foveolata Merr. ex Dandy ·· 14

Michelia maudiae Dunn ·· 15

Mussaenda shikokiana Makino ·· 150

O

Oenanthe javanica subsp. *rosthornii* (Diels) F. T. Pu ··· 117

Ophiorrhiza japonica Bl. ·· 151

Ophiorrhiza pumila Champ. ex Benth. ··· 152

Oreocharis auricula (S. Moore) Clarke ·· 191

Osbeckia stellata Ham. ex D. Don: C. B. Clarke ·· 68

Oxalis corymbosa DC. ··· 40

P

Paraixeris denticulata (Houtt.) Nakai ··· 165

Paraphlomis albida var. *brevidens* Hand.-Mazz. ·· 206

Paraphlomis javanica (Bl.) Prain ··· 207

Parnassia wightiana Wall. ex Wight et Arn. ·· 37

Parthenocissus dalzielii Gagnep. ·· 109

Passiflora kwangtungensis Merr. ·· 50

Paulownia fortunei (Seem.) Hemsl. ··· 181

Pavetta hongkongensis Bremek. ··· 153

Pedicularis kiangsiensis Tsoong et Cheng f. ·· 182

Photinia glabra (Thunb.) Maxim. ··· 88

Photinia parvifolia (Pritz.) Schneid. ··· 89

Photinia schneideriana Rehd. et Wils. ·· 90

Phyllagathis cavaleriei (Lévl. et Van.) Guillaum. ··· 69

Phyllagathis oligotricha Merr. ··· 70

Polygala fallax Hemsl. ········· 31

Polygala hongkongensis Hemsl. ········· 32

Polygala koi Merr. ········· 33

Pottsia grandiflora Markgr. ········· 144

Pronephrium lakhimpurense (Rosenst.) Holtt. ········· 8

Pteris terminalis Wallich ex J. Agardh ········· 6

R

Reevesia thyrsoidea Lindley ········· 76

Rhaphiolepis indica (Linnaeus) Lindley ········· 91

Rhododendron cavaleriei Levl. ········· 120

Rhododendron championiae Hooker ········· 121

Rhododendron dachengense G. Z. Li ········· 122

Rhododendron fortunei Lindl. ········· 123

Rhododendron fuchsiifolium Levl. ········· 124

Rhododendron henryi Hance ········· 125

Rhododendron mitriforme Tam ········· 126

Rhododendron moulmainense Hook. f. ········· 127

Rhododendron rivulare var. *kwangtungense* (Merr. & Chun) X. F. Jin & B. Y. Ding ········· 128

Rhododendron simsii Planch. ········· 129

Rosa henryi Bouleng. ········· 92

S

Sarcopyramis napalensis Wallich ········· 71

Saurauia tristyla DC. ········· 60

Saxifraga stolonifera Curt. ········· 38

Schima argentea Pritz. ex Diels ········· 55

Schima superba Gardn. et Champ. ········· 56

Scutellaria subintegra C. Y. Wu et H. W. Li ········· 208

Sedum bulbiferum Makino ········· 34

Sedum grammophyllum Frod. ········· 35

Selaginella delicatula (Desv.) Alston ········· 2

Selaginella doederleinii Hieron. ········· 3

Selaginella effusa Alston ········· 4

Selaginella uncinata (Desv.) Spring ········· 5

Sloanea sinensis (Hance) Hemsl. ········· 75

Stephanandra chinensis Hance ········· 93

Stranvaesia davidiana Dcne. ········· 94

Strobilanthes dalzielii (W. W. Smith) Benoist ········· 193

Styrax faberi Perk. ········· 136

Styrax rhytidocarpus W. Yang & X. L. Yu ········· 137

Symplocos paniculata (Thunb.) Miq. ········· 138

Symplocos sumuntia Buch.-Ham. ex D. Don ········· 139

Symplocos theophrastifolia Siebold et Zucc. ········· 140

Syzygium buxifolium var. *verticillatum* C. Chen ········· 61

T

Ternstroemia luteoflora L. K. Ling ········· 57

Teucrium quadrifarium Buch.-Ham. ex D. Don ········· 209

Thalictrum umbricola Ulbr. ········· 21

Torenia concolor Lindl. ········· 183

Tricyrtis macropoda Miq. ········· 216

Tripterospermum nienkui (Marq.) C. J. Wu ········· 171

Tubocapsicum anomalum (Franchet et Savatier) Makino ········· 184

U

Utricularia bifida L. ········· 185

Utricularia striatula J. Smith ········· 186

Utricularia warburgii K. I. Goebel ········· 187

V

Vernicia montana Lour. ·· 79

Viburnum dilatatum Thunb. ·· 155

Viburnum fordiae Hance·· 156

Viburnum hanceanum Maxim. ·· 157

Viburnum odoratissimum Ker.-Gawl.·· 158

Viburnum sempervirens K. Koch ·· 159

Viburnum setigerum Hance ··· 160

Viola austrosinensis Y. S. Chen & Q. E. Yang ·· 24

Viola diffusa Ging. ·· 25

Viola fargesii H. Boissieu ··· 26

Viola grypoceras A. Gray ··· 27

Viola inconspicua Blume ··· 28

Viola lucens W. Beck.·· 29

Viola triangulifolia W. Beck. ··· 30

W

Wedelia urticifolia DC. ··· 166

Wikstroemia monnula Hance ··· 46

Woodwardia harlandii Hook. ··· 7

Ypsilandra thibetica Franch. ··· 217